天津市科普重点项目
“美丽中国”科普系列丛书

# 雾霾、空气污染与人体健康

主编　郎铁柱
主审　陈冠益

## 内容简介

本书是“美丽中国”科普系列丛书第一本。本书主要内容包括雾霾锁中国，PM2.5、沙尘暴，空气质量标准，空气中的化学污染物，室内空气污染及挥发性有机污染物（VOCs），空气污染与人体健康，大气污染的治理与对策。

本书介绍了大气污染的组成以及与人体健康的关系，并提出了大气污染的治理与对策，是一本环保科普图书，供广大读者了解相关知识使用，也可为相关领域的研究人员做研究提供参考。

**图书在版编目(CIP)数据**

雾霾、空气污染与人体健康 / 郎铁柱主编. 一天津：天津大学出版社, 2015.8（2016.12重印）
（天津市科普重点项目“美丽中国”科普系列丛书）
ISBN 978-7-5618-5376-4

Ⅰ.①雾… Ⅱ.①郎… Ⅲ.①空气污染一影响一健康一研究 Ⅳ.①X510.31

中国版本图书馆CIP数据核字(2015)第185318号

出版发行　天津大学出版社
地　　址　天津市卫津路92号天津大学内(邮编:300072)
电　　话　发行部:022-27403647
网　　址　publish.tju.edu.cn
印　　刷　天津泰宇印务有限公司
经　　销　全国各地新华书店
开　　本　148mm×210mm
印　　张　7.125
字　　数　205千
版　　次　2015年9月第1版
印　　次　2016 年 12 月第 3 次
定　　价　25.00元

# 前　　言

党的十八大提出，给自然留下更多修复空间，给农业留下更多良田，给子孙后代留下天蓝、地绿、水净的美好家园，努力建设美丽中国，实现中华民族永续发展。我国重视环境保护较晚，重视程度不高，民众环保意识不强，环境保护的积极性、科学性亟待提高。“美丽中国”科普系列丛书是天津市科普重点项目，专家学者以通俗易懂的文字和图文并茂的方式叙述环境保护方面的热点问题，介绍相关科学知识。本套丛书聚焦我国环保热点问题，包括《雾霾、空气污染与人体健康》《低碳经济与可持续发展》《世界遗产与生态文明》《人口、资源与发展》《低碳足迹——认识绿色可续建筑》5本图书，丛书的出版旨在让民众从主观上更愿意接近、掌握环境保护知识，携手共同创建美丽中国。

狄更斯在《双城记》里面描写了工业革命时期伦敦的希望与失望，在愤怒与焦虑中成长的英国。今天以经济快速增长，快速完成工业化，成为世界工厂的我国也面临着同样的问题。

我国大气污染十分严重。大气污染已经对我国的自然资源、生态系统、材料、能见度和公众健康构成了威胁，在一定程度上制约了经济的发展，甚至影响了一些地区的社会安定。

我国城市空气质量状况堪忧。在全国监测的600多个城市中，大气环境质量符合国家一级标准的城市不到1%。目前已有62.3%的城市二氧化硫（$SO_2$）年平均浓度超过环境空气质量国家二级标准，日平均浓度超过了三级标准。一些大城市上空的颗粒物和二氧化硫浓度已经超过世界卫生组织及国家标准的2~5倍,空气污染对人口密集的城市人群健康已构成危害。

日益严重的雾霾已经成为我国经济与社会发展的桎梏。与此同时,细颗粒污染物(PM2.5)的危害及其与雾霾的关系也日益受到关注。粒径在2.5微米以下的细颗粒物(即PM2.5),能够直接进入肺泡并被巨噬细胞吞噬,可以永远停留在肺泡里,不仅对呼吸系统,对心血管、神经系统等都会有影响。

在空汽化学污染物中,光化学烟雾(洛杉矶型烟雾)在我国由于大城市的汽车普及格外严重。光化学烟雾是由汽车、工厂等污染源排入大气的碳氢化合物和氮氧化物($NO_x$)等一次污染物,在阳光的作用下发生化学反应,生成臭氧($O_3$)、醛、酮、酸、过氧乙酰硝酸酯(PAN)等二次污染物,参与光化学反应过程的一次污染物和二次污染物的混合物所形成的烟雾污染叫做光化学烟雾。它是一种带刺激性的淡蓝色烟雾,属于大气中的二次污染物。

因为光化学烟雾在1946年首次出现在美国洛杉矶,所以又叫洛杉矶型烟雾,以区别于煤烟烟雾(伦敦型烟雾)。

中国的大气污染主要由燃煤产生,在京津冀地区和长三角地区,汽车尾气和石化污染也是主要污染源。我国大气污染物主要成分是颗粒物$SO_2$、$CO_2$、CO、苯并芘以及吸附于颗粒物表面的各种金属。一系列的相关研究结果表明严重的大气污染与总死亡率以及慢性阻塞性肺部疾病(COPD)、冠心病(CHD)、心血管疾病(CVD)的死亡率存在着明显的联系。

本书介绍并总结了空气污染对人体健康的影响。

PM2.5 污染引起心血管疾病发病率和死亡率增高的心血管事件主要涉及心率变异性改变、心肌缺血、心肌梗死、心律失常、动脉粥样硬化等，这些健康危害在易感人群中更为明显，如老年人和心血管疾病患者等。

重金属暴露与肺癌流行病学研究表明,当空气中砷达到一定浓度并有铜和锌等混存时,肺癌的死亡率明显上升。长期吸入锑粉尘或锑烟雾的锑冶炼工人,肺癌发病率高,潜伏期近 20 年。在高暴露的人群中,铀可增加肺癌的发病率。

中国社科院联合中国气象局发布《气候变化绿皮书》,报告称雾霾天气影响健康,除众所周知的会使呼吸系统及心脏系统疾病恶化等,还会影响生殖能力,这一说法引发网友热议。研究表明,颗粒物能够引起遗传性 DNA 损伤，即生殖细胞的 DNA 损伤可遗传至下一代。PM2.5 可对染色体和 DNA 等不同水平的遗传物质产生毒性作用，包括染色体结构变化、DNA 损伤和基因突变等。PM2.5 的遗传毒性至少与 500 种有机物有关，包括总多环芳烃、致癌性多环芳烃、芳香胺、芳香酮、重金属及其协同作用。

近年来,随着城市的扩张与垃圾焚烧处理的普及,垃圾焚烧污染尤其是垃圾焚烧产生的二噁英污染以及二噁英通过土壤、食物向人体的迁移日益受到关注。二噁英和呋喃（PCDD/Fs）过去 15 年来一直是环境化学研究的热门课题。这类化合物受到关注是由于其具有持久性和疏水性,而且这类化合物具有很强的生物富集性。另外,已发现许多种二噁英 / 呋喃( PCDD/Fs )即使在浓度很低时也具有毒性。

深受雾霾困扰的华北地区、中原地区和长三角地区,在秋冬季连续的难以呼吸的雾霾天,使每个人对室外空气污染格外关注,室内也成为许多人逃离空气污染的最后选择。相比于室外污染来看,室内环境一般被认为是远离污染物的港湾,因此医生和专家都建议人们多待在室内,尤其是那些有很大可能性患呼吸道疾病和心血管疾病的人。

然而建筑物和室内环境的空气污染真的小于室外吗?

随着人类文明的发展以及社会结构、生活习性的改变,室内的空气污染问题也逐渐浮现。世界卫生组织(World Health Organization, WHO)估计全球的发展中国家中,至少有超过30亿的人口(相当于全球人口60亿的约1/2)处于室内空气污染中;而世界银行(World Bank)在1992年也将发展中国家的室内空气污染列为全球四大环境问题之一。尤其是化学品使用产生的挥发性有机污染物(VOC)已经成为室内空气污染的主要污染源。在室内环境中,常用的各种溶剂,如长期吸入往往引起严重的职业病,或者其他危害。例如甲醛、苯、甲苯、二甲苯、醇类、酮类、氯系溶剂(如氯仿、四氯化碳、三氯乙烯、四氯乙烯等),这些溶剂多半具有易挥发、易燃的特性,也多能刺激眼睛、皮肤等黏膜组织和呼吸道、肺部的组织,高浓度或长期暴露都可伤害肝、肾等器官和中枢神经系统,对人类健康的威胁尤其重大。

桦尺蠖的故事能充分反映空气污染与治理的生物效应。

英国曼彻斯特地区的桦尺蠖栖息在长满地衣的浅色树干上,大多数桦尺蠖体色是浅色的,少数为深色;在19世纪中叶之前人们见到的这种蛾,都是浅灰色的翅膀上散布着一些黑色斑点。1830年左右,英国完成了工业革命,变成了工业化国家,曼彻斯特等工业城市的空气污染越来越严重。1848年,昆虫学家首次在曼彻斯特附近采集到了黑色翅膀的桦尺蠖标本。之后,人们采集到的黑蛾标本越来越多,而且都集中在空气污染严重的工业化地区。到1895年,曼彻斯特附近的黑蛾所占的比例激增到接近100%，而在非工业化地区，灰斑蛾仍然占绝对优势。

1850年前桦尺蠖所处的环境颜色是浅色的，因而灰桦尺蠖的体色是与环境颜色一致的，是一种不易被敌害发现的保护色。100年后，工业污染把树皮熏成黑褐色，这时浅色桦尺蠖的体色就与环境颜色形成了反差，成为易被敌害发现的体色，而深色桦尺蠖的体色这时反而成了保护色，不易被敌害发现，深色桦尺蠖变成了常见类型，浅色却成了少数。

从20世纪50年代起，英、美都通过了反污染法案，工厂烟囱不再冒黑烟，树干上的煤烟消失了，其结果便是灰斑蛾数量的回升和黑蛾数量的下降。例如，在美国密歇根州和宾夕法尼亚州，黑蛾所占的比例在2001年已降到只有6%。

1987年，我国颁布了《中华人民共和国大气污染防治法》，并先后于1995年和2000年进行了两次修订，说明了我国政府越来越重视法律手段在治理大气污染中的作用。通过两次修改，该法增添了新的内容，又确立了一些新的制度，原有的法律规范也得到了充实与完善，有的部分还做了相当大的改动。1987年的法律条文为41条，经过两次修改，2000年时增至66条。这些变化，正是以法律形式反映了国家要实现经济和社会可持续发展战略，应着力控制大气污染，谋求良好自然环境的恢复，为人民造福做决策和采取积极行动。法律法规的制定全面推动了我国大气污染防治工作，国务院及有关部门制定了一系列配套法规，实施了200多项大气环境标准，初步形成了较为完备的大气污染防治法规标准体系。

2013年9月12日，针对日益严重的大气污染状况以及人民群众的呼声，国务院印发《大气污染防治行动计划》，简称大气污染《行动计划》。这项被誉为“史上最严厉的”《行动计划》明确提出了“经过五年努力，全国空气质量总体改善”的行动目标，标志着我国治理大气污染的国家行动进入高峰。

《行动计划》明确提出，到2017年全国PM10浓度普降10%，京津冀、长三角、珠三角等区域的PM2.5浓度分别下降25%、20%和15%左右。为了保障该目标的顺利实现，《行动计划》制定了加大综合治理力度、调整优化产业结构、建立区域协作机制、将环境质量是否改善纳入官员考核体系等十条具体措施。

环境保护与可持续发展是我国的基本国策，环境和生态危机是当今世界最引人瞩目的突出问题之一。笔者相信，雾霾、大气污染问题在举国协力、同心同德的努力下必将得到解决。

目前，我国正在各高等院校、机关、企事业单位及中小学普及环境保护与可持续发展教育，环境教育已经成为全民素质教育的一个重点。这里迫切需要切合实际、反映此领域最新发展成就的教材与高级科普著作。本书力求避免庞杂纷乱、条理不清，不但具有参考性，而且具有完整统一的框架，重点、难点突出，条理清晰，而且要有趣味性、启发性，使读者阅读起来不但容易掌握，而且可在学习的过程中将可持续发展的理念渗透到潜意识中，摒弃一些流行的错误理念，在日后的工作中将环境意识自觉地贯穿始终。

本书著者常年在南开大学和天津大学两校讲授“环境保护与可持续发展”公共选修课和公共基础课。在教学中，积累了大量的资料，形成了自己的教学体系与大纲，并十分注意对最新成果的吸收，具有一定的前瞻性。

笔者在长期的“环境保护与可持续发展”课程教学中深深体会到学生和社会各界对于环境问题的关注与对我国环境问题的担忧，其拳拳之心和满腔热情，一直鼓励着我，也是我写作本书的最大动力，他们的需求、意见也对我有诸多启发。

本书全部内容由郎铁柱完成，天津大学环境科学与工程学院的李恒、宋靓雪、王亦寒、王晓宇、任保赢、王子正、刘畅 、王茹梦、李建洋、周苗、李唯骏、提博雯、王书丛、王鑫一、夏静、阎鹏羽、张凤熔、张荆、张宇、王慧、张媛、白志晖、张敬旭、姜加龙、龙莎、胡云飞、汪安宁等参与了资料收集等工作。天津大学出版社赵淑梅、刁海二位编辑为此书的出版付出了辛勤的劳动，做了大量工作，在此一并表示感谢！

由于时间紧、内容多，加之作者水平的局限，书中疏漏之处难免，还请读者以及同行批评指正！

郎铁柱

2015 年 3 月

# 目　　录

# 绪论　空气污染总论

*世界上最好的事物都是免费的，阳光、空气、水……*

*未来也许不会再完全免费了。*

随着现代经济的快速发展，人们大规模地使用包括煤和石油在内的能源和其他自然资源，其结果是给环境造成了不同程度的污染。煤和石油在燃烧过程中排放出大量的二氧化碳（$CO_2$）、氮氧化物（$NO_x$）、一氧化碳（CO）、粉尘和碳氢化合物等物质。当它们在空气中的浓度达到一定程度，在一定的气象条件下，就会对人、动植物及生存环境造成明显的损害。

我国城市空气质量状况堪忧。在环保部门监测的全国 600 多个城市中，环境空气质量符合国家一级标准的城市不到 1%。目前已有 62.3% 的城市二氧化硫（$SO_2$）年平均浓度超过环境空气质量国家二级标准，日平均浓度超过了三级标准。一些大城市上空的颗粒物和二氧化硫浓度已经超过世界卫生组织及国家标准的 2~5 倍，空气污染对人口密集城市人群健康已构成严重危害。

空气污染分为室外环境下发生的大气污染和室内空气污染，一般研究讨论较多的是大气污染。但是现在室内环境中发生的粉尘污染，尤其是工厂车间的粉尘以及挥发性有机物污染（VOC）造成的危害（尤其是职业病）已经成为一大公害，办公室和住宅中的空气污染也值得

关注。

大气污染物主要来源于工业生产及生活中化石燃料的燃烧产物以及交通运输中的尾气排放。

大气污染物按其来源可分为一次污染物和二次污染物。

一次污染物系指直接由污染源排放的污染物。如燃煤主要排放烟尘和二氧化硫，燃油主要排放二氧化硫和氮氧化物，交通运输主要排放一氧化碳、氮氧化物和碳氢化合物。

在大气中一次污染物之间或一次污染物与大气的正常成分之间发生化学作用生成的污染物，常称为二次污染物，如雾霾与光化学烟雾，它们常比一次污染物对环境和人体的危害更为严重。

我国大气污染十分严重。处在生态系统能承受的降解能力之内的全国排放总量主要涉及两项：一是二氧化硫，最多能容纳 1 620 万吨左右；二是氮氧化物，不能高于 1 880 万吨。目前已经存在着环境"透支"，到 2020 年，即使按照污染物产生量最少的强化政策，二氧化硫、氮氧化物产生量也将远远超过环境容量所能承受的范围。

主要的大气污染物有以下几种（表 0）。

**表 0　主要的大气污染物及其对人体的危害**

| 名称 | 对人体的影响 |
| --- | --- |
| 雾霾 | 上呼吸道感染，支气管哮喘，肺癌，影响生殖系统或导致胎儿畸形，小儿佝偻病，诱发心脑血管疾病，结膜炎，加速衰老 |
| 二氧化硫 | 视程减短，流泪，眼睛有炎症，闻到异味，胸闷，呼吸道有炎症，呼吸困难，肺水肿，迅速窒息死亡 |
| 硫化氢（$H_2S$） | 恶臭难闻，导致恶心、呕吐，影响人体呼吸、血液循环及内分泌、消化和神经系统，昏迷，中毒，死亡 |

| 名称 | 对人体的影响 |
| --- | --- |
| 氮氧化物 | 闻到异味，支气管炎，气管炎，肺水肿，肺气肿，呼吸困难，直至死亡 |
| 颗粒污染物（包括PM2.5） | 伤害眼睛，视程减短，慢性气管炎，幼儿气喘病和尘肺（矽肺）死亡率增加，能见度降低，交通事故增多 |
| 光化学烟雾 | 眼睛红痛，视力减弱，头疼、胸痛、全身疼痛，麻痹，肺水肿，严重的在1小时内死亡 |
| 碳氢化合物 | 皮肤和肝脏损害，致癌，死亡 |
| 一氧化碳 | 头晕、头疼，贫血，心肌损伤，中枢神经麻痹，呼吸困难，严重的在1小时内死亡 |
| 氟和氟化氢（HF） | 强烈刺激眼睛、鼻腔和呼吸道，引起气管炎、肺水肿、氟骨症和斑釉齿 |
| 氯气（$Cl_2$）和氯化氢（HCl） | 刺激眼睛、上呼吸道，严重时引起中毒性肺水肿 |
| 铅 | 神经衰弱，腹部不适，便秘，贫血，记忆力低下 |

# 第一章　雾霾锁中国

“这一天，伦敦有雾。这场雾浓重而阴沉。有生命的伦敦，眼睛刺痛，肺部郁闷，有生命的伦敦，是一个浑身煤臭的幽灵……在城市边缘地带，雾是深黄色的，靠里一点儿是棕色的，再靠里一点儿，棕色再深一些，再靠里，又再深一点儿。直到商业区的中心地带，雾是赭黑色的。”

——查尔斯·狄更斯

## 1.1 从雾都伦敦与伦敦型烟雾谈起

那是最美好的时代，那是最糟糕的时代；那是智慧的年头，那是愚昧的年头；那是信仰的时期，那是怀疑的时期；那是光明的季节，那是黑暗的季节；那是希望的春天，那是失望的冬天。

狄更斯在《双城记》里面描写了工业革命时期的英国，充满了希望与失望、愤怒与焦虑。今天以经济两位数增长，迅速完成工业化，成为

世界工厂的中国也面临着同样的问题。

工业革命起始于英国，在18世纪到20世纪初英国一直是世界工厂与世界主要工业国。1776年，瓦特改良的蒸汽机投入使用。煤、蒸汽机、铁，三者的产量就这样滚雪球一样地飞升。在《煤的历史》一书中，弗里兹认为，从某种程度上说，正是由于几个世纪以来，英国的煤产量一直高居世界之首，工业革命才首先在英国发生，并缔造了一个令世界瞠目结舌的工业社会。

1830年，英国煤产量占到了全球产量的4/5；到1848年，英国的铁产量比世界其他国家铁产量的总和还要多。（笔者注：这一现实正好与今天中国的世界工厂地位相当。2012年我国的钢铁产量雄踞世界首位，中国大陆2012年粗钢产量7.16亿吨，占全球粗钢产量的46.3%。）第一个现代工业社会就这样诞生了。终于，1873年12月、1880年、1892年连续在伦敦发生夺命大雾。1873年12月的烟雾事件后，英国在1875年通过了《公共卫生法案》，开始了减少城市污染的尝试。

20世纪20年代，由于政府对工业加强管理，煤在工业燃料中所占的比例下降，煤烟污染有所减轻，但并无质的改观（正如我国政府在21世纪开始加强对工业污染的管理一样）。由于环境污染严重与治理的滞后性，20世纪50年代，英国伦敦尝到了工业化的恶果。著名的20世纪全球十大环境污染事故件之一——伦敦烟雾事件终于爆发。

1952年12月4日，由于工业污染物的积聚与不利气象条件的叠加，工厂和住户排出的烟尘和气体大量在低空聚积，整个城市被浓雾所笼罩，浓雾整整有五天不散。雾都伦敦的烟雾变成了震惊世界的杀手，当时大气中尘粒浓度高达4.46毫克／立方米，是平时的10倍，二氧化硫浓度高达$1.34\times10^{-6}$毫克／立方米，是平时的6倍。风速表读数为

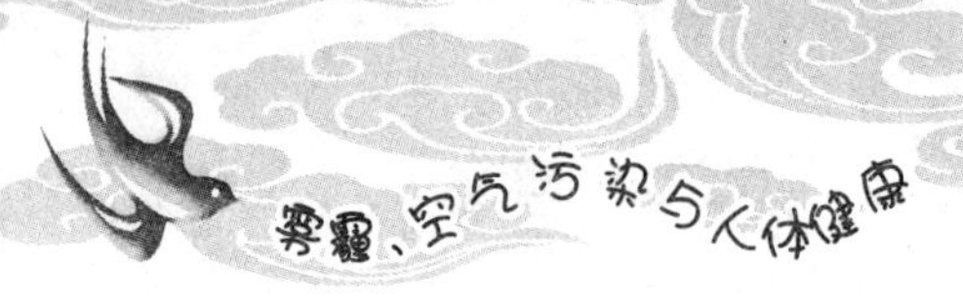


零，市中心空气中的烟雾量几乎增加了10倍，空气逐步变得更脏、毒性更大，有4 700多人因呼吸道疾病而死亡。大雾之后几个月，又有8 000多人死于非命。那一天伦敦到处弥漫着浓重的黄绿色烟雾，散发着难闻的气味；乘客弃车步行，因为司机已看不见路了；上学的孩子们用围巾和手帕紧紧包住头；熟悉道路的盲人领路，带着人群走出地铁站……这就是著名的伦敦烟雾事件。以后的环境学者把所有造成严重大气污染事故的工业烟雾统称为伦敦型烟雾。

大雾后，记者们开始调查这起大雾发生的原因，他们发现，1952年的12月非常寒冷，潮湿的冷空气吸收了污染气体，令烟雾像灰色的毯子一样盖在伦敦城上空，也像海面上漂浮的一层油。

一个事实引人注意，一名码头工人说，他坐在离地面15米的吊车舱里，发现上面的天空非常干净，而下面却被烟雾笼罩，犹如黑暗的海洋。

专家后来是这样解释这起事件的，在集中供暖时代之前，在寒冬的伦敦，数以万计的家庭只能烧煤取暖。由于战后经济困难，政府将优质煤出口国外，而伦敦人则烧劣质煤，导致污染更为严重。

烧煤的工厂排放的大量浓烟、汽车排放的机油废气和从欧洲大陆飘过来的污染云，都令伦敦的空气质量很差。

当年的伦敦，工业排污量非常大，每天都有1 000吨的浓烟从烟囱中飘出来，工业排放了2 000吨二氧化碳、140吨盐酸（$HCl$）和14吨氟化物。更为严重的是，当大量的二氧化硫从烟囱中排出，混合了水蒸气之后，就形成了800吨的硫酸（$H_2SO_4$）。

当空气不流通的时候，这些污染严重的黄烟就被“困在伦敦上空”，其中的重量级杀手就是二氧化硫形成的硫酸，它可以灼烧人们的咽喉并引发肺炎。

气象专家还提到了一个造成伦敦烟雾事件的偶然因素，在1952年12月4日，伦敦遭受了一种特殊天气现象的影响，这样的天气将污染的冷空气罩在了一层热空气之上，导致冷空气难以散发。在这种天气下，由于燃煤产生大量的硫酸雾滴，会更加强烈地刺激呼吸系统，对患有支气管疾病的老人和孩子危害尤其严重。

这场大雾在5天之后慢慢退去了。大雾后，当时的议会在野党强烈谴责政府，最终促使英国政府在1956年通过了《空气清洁法》，规定使用无烟燃料，并且要求发电站远离城市。在之后的几十年中，伦敦的雾慢慢变成了无害的水汽。

## 1.2 日益严重的雾霾——我国经济与社会发展的桎梏

**“北京咳”——侮辱还是警示？**

“北京咳”一词最早见诸1990年“The Rotarian”(《扶轮月刊》)第三期。这家由慈善组织扶轮社筹办的杂志援引了一篇报告，说：工业国家曾经出现的主要城市不良现象——空气污染，已经散播至全世界……一些外国旅游者说，他们在北京逗留期间，常常患有一种特有的呼吸

道病症；一旦离开北京，症状便立即消失。于是，他们将这种现象，称之为“北京咳”。2002年，一本书中写道：城市里的空气经常带有酸味、硫磺味，常常可以听到人们谈论“北京咳”。

“北京咳”，并不是准确的医学术语。所以，一些北京的学者和官员认为，“北京咳”是对北京的极大侮辱。

2003年一本叫作《文化震撼，游遍北京》（Culture Shock！Beijing at Your Door）的旅游书中这样说：很多人抱怨“北京咳”……我们还不知道防止或是治愈“北京咳”的方法。既然有“伦敦雾”，为何就不能有“北京咳”？“北京咳”，本来只是一个调侃之词，北京人对此大可不必过分计较，更无必要将其视之为“对北京的极大侮辱”。但是，它却是一种十分有益的警示：北京的空气污染问题已经很严重了。

**从几则新闻报道看我国的雾霾：**

**《北京PM2.5最高值逼近1000》**

**《多地濒临PM2.5值“爆表”》**

**《33城市空气遭遇严重污染 雾霾天气将向南北扩张》**

以上是几则来源于《人民日报》、新华社、《北京晚报》等媒体的新闻报道。

在北京连续几日的雾霾天气中，2013 年 1 月 12 日的污染尤为严重，城区普遍长时间达到 6 级极重污染，即最高的污染级别。

西直门北、南三环、奥体中心等监测点 PM2.5 实时浓度突破 900，西直门北交通污染监测点最高达 993 微克 / 立方米。在这样的环境下，众多网友自嘲为“人肉吸尘器”，调侃称“空气如此糟糕，引无数美女戴口罩”，还有网友用“爆表”来形容北京的 PM2.5 浓度值。

天津市环境监测中心即时监测数据显示，2013 年 1 月 13 日 11 时许，天津市 17 个环境空气质量监测点的 AQI（环境空气质量指数）数值均在 300 以上，所有区域环境空气质量等级都处于“严重污染”状态，17 个监测点空气的首要污染物均是 PM2.5。数据显示，当日 10 时 59 分，位于天津市中心的复康路、南京路、香山道等监测点最近 24 小时 AQI 均值分别为 385、366、357，空气质量等级为“严重污染”，“健康人群运动耐受力降低，有明显不适症状”。

中国环境监测总站网站 2013 年 1 月 12 日全国重点城市空气质量 24 小时均值（21 时更新）显示，北京的可吸入颗粒物浓度为 786 微克 / 立方米，天津的可吸入颗粒物浓度为 500 微克 / 立方米，石家庄的可吸入颗粒物浓度为 960 微克 / 立方米。

下表（表 1.1）真实地揭示了北京、天津等许多城市空气质量标准超出 AQI 最高限的情况，被网友嘲讽为空气质量爆表。

**表 1.1　全国部分城市空气质量实时发布平台 2013 年 1 月 12 日 21 时至 22 时更新数据**

| 城市 | 站点 | AQI | 空气质量级别 | 首要污染物 |
|---|---|---|---|---|
| 北京 | 东城天坛 | 500 | 严重污染 | PM10；PM2.5 |
| 天津 | 天山路 | 500 | 严重污染 | PM2.5 |
| 石家庄 | 人民会堂 | 500 | 严重污染 | PM10；PM2.5 |
| 邯郸 | 环保局 | 500 | 严重污染 | PM2.5 |
| 邢台 | 路桥公司 | 500 | 严重污染 | PM10；PM2.5 |
| 保定 | 接待中心 | 500 | 严重污染 | PM10；PM2.5 |
| 衡水 | 电机北厂 | 500 | 严重污染 | PM10 |
| 廊坊 | 药材公司 | 500 | 严重污染 | PM10 |
| 唐山 | 物资局 | 500 | 严重污染 | PM10；PM2.5 |
| 无锡 | 育红小学 | 500 | 严重污染 | PM2.5 |
| 南通 | 虹桥 | 500 | 严重污染 | PM10 |
| 盐城 | 开发区管委会 | 500 | 严重污染 | PM2.5 |
| 郑州 | 银行学校 | 500 | 严重污染 | PM10 |
| 贵阳 | 桐木岭 | 500 | 严重污染 | PM10；PM2.5 |
| 武汉 | 吴家山 | 438 | 严重污染 | PM2.5 |
| 哈尔滨 | 呼兰师专 | 390 | 严重污染 | PM2.5 |
| 长春 | 岱山公园 | 385 | 严重污染 | PM2.5 |
| 青岛 | 四方区子站 | 379 | 严重污染 | PM2.5 |
| 成都 | 人民公园 | 368 | 严重污染 | PM2.5 |
| 济南 | 省种子仓库 | 345 | 严重污染 | PM2.5 |
| 乌鲁木齐 | 米东区环保局 | 341 | 严重污染 | PM2.5 |
| 长沙 | 雨花区环保局 | 337 | 严重污染 | PM2.5 |
| 南京 | 奥体中心 | 335 | 严重污染 | PM10 |
| 大连 | 开发区 | 333 | 严重污染 | PM2.5 |
| 沈阳 | 张士 | 330 | 严重污染 | PM2.5 |

续表

| 城市 | 站点 | AQI | 空气质量级别 | 首要污染物 |
|---|---|---|---|---|
| 西安 | 高压开关厂 | 323 | 严重污染 | PM2.5 |
| 合肥 | 庐阳区 | 311 | 严重污染 | PM2.5 |

数据来源：中国环境监测总站网站

笔者和李恒曾经对我国1991—2000年全国34个主要城市的大气污染状况进行了研究，归纳总结了各污染物总悬浮颗粒物（TSP）、二氧化硫（$SO_2$）、氮氧化物（$NO_x$）、降尘的年均浓度（表1.2）。

**表1.2　1991—2000年全国34个主要城市各类污染物年均浓度**

| 城市 | 二氧化硫/（毫克/立方米） | 氮氧化物/（毫克/立方米） | 总悬浮颗粒物/（毫克/立方米） | 降尘/（毫克/立方米） | 综合指数 |
|---|---|---|---|---|---|
| 太原 | 0.254 | 0.072 | 0.541 | 32.40 | 8.378 |
| 贵阳 | 0.316 | 0.041 | 0.298 | 14.52 | 7.577 |
| 乌鲁木齐 | 0.150 | 0.108 | 0.482 | 24.67 | 7.070 |
| 重庆 | 0.265 | 0.057 | 0.292 | 14.84 | 7.017 |
| 济南 | 0.146 | 0.056 | 0.443 | 24.87 | 5.768 |
| 石家庄 | 0.151 | 0.059 | 0.389 | 29.75 | 5.642 |
| 青岛 | 0.168 | 0.054 | 0.257 | 16.80 | 5.165 |
| 天津 | 0.108 | 0.053 | 0.343 | 14.87 | 4.575 |
| 长沙 | 0.133 | 0.042 | 0.223 | 12.74 | 4.172 |
| 杭州 | 0.080 | 0.062 | 0.229 | 12.65 | 3.718 |
| 南昌 | 0.059 | 0.032 | 0.201 | 9.44 | 2.628 |
| 兰州 | 0.079 | 0.079 | 0.626 | 26.66 | 6.027 |
| 郑州 | 0.064 | 0.094 | 0.444 | 23.87 | 5.167 |
| 呼和浩特 | 0.078 | 0.036 | 0.452 | 12.61 | 4.280 |
| 西安 | 0.061 | 0.050 | 0.420 | 23.82 | 4.117 |

续表

| 城市 | 二氧化硫/（毫克/立方米） | 氮氧化物/（毫克/立方米） | 总悬浮颗粒物/（毫克/立方米） | 降尘/（毫克/立方米） | 综合指数 |
|---|---|---|---|---|---|
| 沈阳 | 0.103 | 0.070 | 0.361 | 27.17 | 4.922 |
| 西宁 | 0.042 | 0.039 | 0.461 | 23.84 | 3.785 |
| 成都 | 0.065 | 0.058 | 0.285 | 12.52 | 3.668 |
| 银川 | 0.066 | 0.033 | 0.372 | 32.59 | 3.620 |
| 长春 | 0.036 | 0.054 | 0.325 | 27.17 | 3.305 |
| 南京 | 0.051 | 0.051 | 0.227 | 10.06 | 3.005 |
| 哈尔滨 | 0.028 | 0.044 | 0.330 | 31.26 | 2.997 |
| 昆明 | 0.038 | 0.040 | 0.252 | 9.69 | 2.693 |
| 福州 | 0.044 | 0.036 | 0.196 | 8.73 | 2.433 |
| 南宁 | 0.052 | 0.019 | 0.207 | 9.28 | 2.282 |
| 拉萨 | 0.002 | 0.023 | 0.278 | 16.86 | 1.883 |
| 厦门 | 0.020 | 0.020 | 0.097 | 6.76 | 1.218 |
| 海口 | 0.005 | 0.015 | 0.097 | 5.74 | 0.868 |
| 北京 | 0.107 | 0.117 | 0.386 | 17.36 | 6.053 |
| 广州 | 0.063 | 0.123 | 0.249 | 8.84 | 4.755 |
| 上海 | 0.070 | 0.083 | 0.236 | 12.76 | 4.007 |
| 武汉 | 0.041 | 0.067 | 0.222 | 17.87 | 3.133 |
| 合肥 | 0.041 | 0.046 | 0.169 | 9.10 | 2.448 |
| 深圳 | 0.016 | 0.065 | 0.128 | 5.98 | 2.207 |

从表中可见，各类污染物总悬浮颗粒物、二氧化硫、氮氧化物、降尘的年均浓度范围分别为0.097~0.626毫克/立方米、0.002~0.316毫克/立方米、0.015~0.123毫克/立方米、5.74~32.59毫克/立方米。其中以TSP、降尘的变化区间最大，氮氧化物的变化区间最小，表明全国34个主要城市间的TSP、降尘浓度差异较大，而氮氧化物的浓度差

异却不是十分显著。

计算 34 个城市的大气污染综合指数（图 1.1），发现数值排在前五位的是太原、贵阳、乌鲁木齐、重庆、北京。

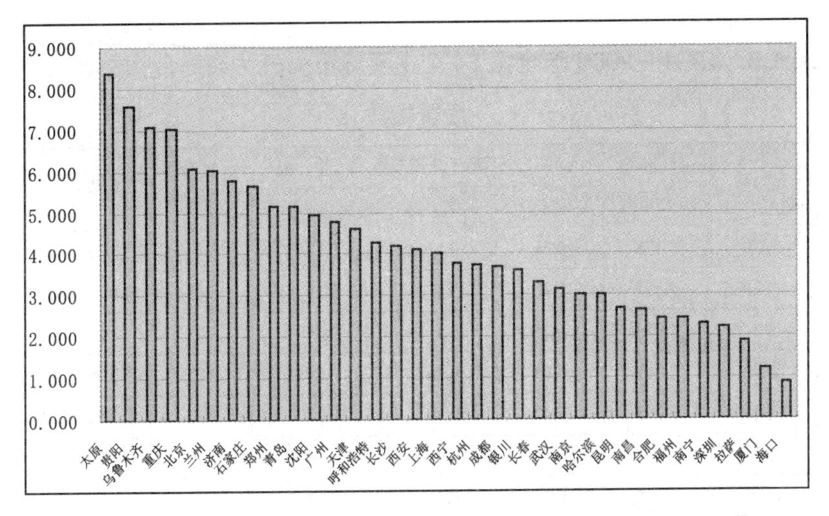


图 1.1　1991—2000 年全国 34 个主要城市大气污染综合指数比较

34 个城市大气污染综合指数最高的太原居然高出平均大气污染综合指数的两倍，可见其污染程度相当严重。大气污染综合指数数值最低的三个城市分别为海口、厦门、拉萨。

全国 34 个主要城市大气污染综合指数中最高的城市太原（8.378）的数值是最低的城市海口（0.868）的 9.6 倍。其城市大气空气质量的差距可想而知。

计算 34 个城市的大气质量指数（表 1.3，图 1.2）发现达到清洁水平的仅有 2 个城市，即厦门和海口，占总体比例的 5.88%，极重污染的有 3 个城市，分别是贵阳、太原、重庆，占总体比例的 8.82%，重污染的有 6 个城市，中污染的有 9 个城市，轻污染的有 8 个城市，分别占总体

比例的 17.65%、26.47%、23.53%，达到标准的有 6 个城市，占 17.65%。全国 34 个主要城市中处于污染水平的，即未达标准的有 26 个城市，占总体比例的 76.47%。可见全国城市的大气污染状况十分严峻。

**表 1.3　1991—2000 年全国 34 个主要城市大气污染综合指数及大气质量指数**

| 城市 | 大气污染综合指数 | 污染负荷系数 | | | 大气质量指数 | 污染程度 |
|---|---|---|---|---|---|---|
| | | 二氧化硫 | 氮氧化物 | 总悬浮颗粒物 | | |
| 太原 | 8.378 | 0.51 | 0.17 | 0.32 | 3.44 | 极重污染 |
| 贵阳 | 7.577 | 0.70 | 0.11 | 0.20 | 3.65 | 极重污染 |
| 乌鲁木齐 | 7.070 | 0.35 | 0.31 | 0.34 | 2.43 | 重污染 |
| 重庆 | 7.017 | 0.63 | 0.16 | 0.21 | 3.21 | 极重污染 |
| 济南 | 5.768 | 0.42 | 0.19 | 0.38 | 2.16 | 重污染 |
| 石家庄 | 5.642 | 0.45 | 0.21 | 0.34 | 2.18 | 重污染 |
| 青岛 | 5.165 | 0.54 | 0.21 | 0.25 | 2.20 | 重污染 |
| 天津 | 4.575 | 0.39 | 0.23 | 0.37 | 1.66 | 重污染 |
| 长沙 | 4.172 | 0.53 | 0.20 | 0.27 | 1.76 | 重污染 |
| 杭州 | 3.718 | 0.36 | 0.33 | 0.31 | 1.29 | 中污染 |
| 南昌 | 2.628 | 0.37 | 0.24 | 0.38 | 0.93 | 中污染 |
| 兰州 | 6.027 | 0.22 | 0.26 | 0.52 | 2.51 | 中污染 |
| 郑州 | 5.167 | 0.21 | 0.36 | 0.43 | 1.96 | 中污染 |
| 呼和浩特 | 4.280 | 0.30 | 0.17 | 0.53 | 1.80 | 中污染 |
| 西安 | 4.117 | 0.25 | 0.24 | 0.51 | 1.70 | 中污染 |
| 沈阳 | 4.922 | 0.35 | 0.28 | 0.37 | 1.72 | 中污染 |
| 西宁 | 3.785 | 0.18 | 0.21 | 0.61 | 1.71 | 中污染 |
| 成都 | 3.668 | 0.30 | 0.32 | 0.39 | 1.32 | 中污染 |
| 银川 | 3.620 | 0.30 | 0.18 | 0.51 | 1.50 | 轻污染 |
| 长春 | 3.305 | 0.18 | 0.33 | 0.49 | 1.34 | 轻污染 |
| 南京 | 3.005 | 0.28 | 0.34 | 0.38 | 1.07 | 轻污染 |

续表

| 城市 | 大气污染综合指数 | 污染负荷系数 | | | 大气质量指数 | 污染程度 |
|---|---|---|---|---|---|---|
| | | 二氧化硫 | 氮氧化物 | 总悬浮颗粒物 | | |
| 哈尔滨 | 2.997 | 0.16 | 0.29 | 0.55 | 1.28 | 轻污染 |
| 昆明 | 2.693 | 0.24 | 0.30 | 0.47 | 1.06 | 轻污染 |
| 福州 | 2.433 | 0.30 | 0.30 | 0.40 | 0.89 | 轻污染 |
| 南宁 | 2.282 | 0.38 | 0.17 | 0.45 | 0.89 | 轻污染 |
| 拉萨 | 1.883 | 0.02 | 0.24 | 0.74 | 0.93 | 轻污染 |
| 厦门 | 1.218 | 0.27 | 0.33 | 0.40 | 0.44 | 清洁 |
| 海口 | 0.868 | 0.10 | 0.35 | 0.56 | 0.37 | 清洁 |
| 北京 | 6.053 | 0.29 | 0.39 | 0.32 | 2.17 | 标准 |
| 广州 | 4.755 | 0.22 | 0.52 | 0.26 | 1.97 | 标准 |
| 上海 | 4.007 | 0.29 | 0.41 | 0.29 | 1.49 | 标准 |
| 武汉 | 3.133 | 0.22 | 0.43 | 0.35 | 1.18 | 标准 |
| 合肥 | 2.448 | 0.28 | 0.38 | 0.35 | 0.87 | 标准 |
| 深圳 | 2.207 | 0.12 | 0.59 | 0.29 | 0.98 | 标准 |

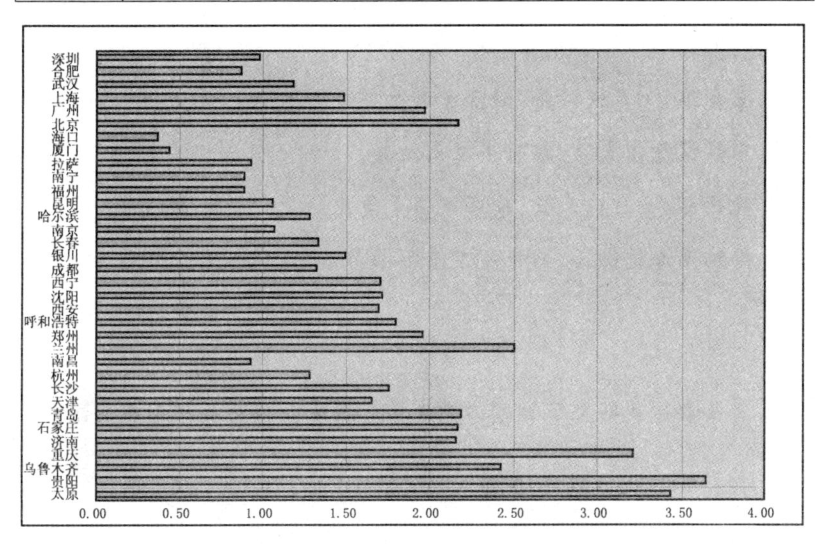


图 1.2　1991—2000 年全国 34 个主要城市大气质量指数比较

“雾失楼台，月迷津渡”，古典诗词中意境朦胧的书写，成了京城冬季经常出现的状态。2013 年 1 月 10 日晚间开始笼罩京城的雾霾连绵多日，12 日北京 PM2.5 指数濒临“爆表”，意味着北京几乎所有区域都遭受了最严重污染。

在本世纪初，雾霾主要困扰的还是华北地区，现在我国的雾霾区已经将以京津冀为主的华北与中原和长三角地区连成一片。

## 1.3 雾与霾

花非花，雾非雾。

夜半来，天明去。

来如春梦几多时？去似朝云无觅处。

——白居易·《花非花》

雾失楼台，月迷津渡，桃源望断无寻处。

可堪孤馆闭春寒，杜鹃声里斜阳暮。

驿寄梅花，鱼传尺素，砌成此恨无重数。

郴江幸自绕郴山，为谁流下潇湘去？

——秦观·《踏莎行·郴州旅舍》

曾经最为美好象征的雾何时成为了噩梦？值得我们好好反思。

——笔者手记

雾和霾是一种自然天气现象，在气象科学领域，主要依据水平能见度和环境相对湿度，对雾和霾进行定义和区分。气象学上对雾的定义是：近地面空气中的水汽凝结成大量悬浮在空气中的微小水滴或冰晶，导致水平能见度低于 1 公里的天气现象。《地面气象观测规范》中对雾的描述为：大量微小水滴浮游空中，常呈乳白色，使水平能见度小于 1 公里。

《霾的观测和预报等级》中对霾的定义为：大量极细微的干尘粒等均匀地浮游在空中，使水平能见度小于 10 公里的空气普遍浑浊现象。

中国气象局《地面气象观测规范》中将霾定义为：大量极细微的干尘粒等均匀地浮游在空中，使水平能见度小于 10 公里的空气普遍浑浊现象，使远处光亮物体微带黄、红色，使黑暗物体微带蓝色。

2010 年颁布的《中华人民共和国气象行业标准》则给出了更为技术性的判识条件：当能见度小于 10 公里，排除了降水、沙尘暴、扬沙、浮尘等天气现象造成的视程障碍，且空气相对湿度小于 80% 时，即可判识为霾。

目前，国内外多用相对湿度来界定雾与霾，相对湿度大于 90% 是雾，低于 90% 是霾。

雾和霾的区别在于：雾是由水汽组成的，水汽遇冷就结雾，一般来说，雾中所含凝结核颗粒直径大，有几个或十几个微米。霾，也称灰霾，是空气中的灰尘、硫酸（$H_2SO_4$）、硝酸（$HNO_3$）、有机碳氢化合物等粒子使大气浑浊、视野模糊并导致能见度恶化。霾粒子分布比较均匀，粒子的尺度比较小，从 0.001 微米到 10 微米，平均直径为 1~2 微米。肉眼看不到空中飘浮的颗粒物。其次，雾有明显且比较清晰的边界；霾的边界很不清楚，范围很大。

从颜色看，雾主要由水组成，水体在阳光或者散射照射下就呈现偏

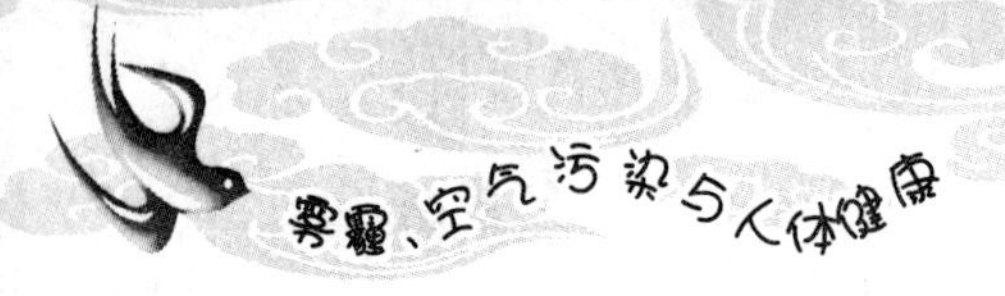


白的颜色,像云一样,也就是云到地面了。霾就不一样了,霾里面是小的颗粒物,所以颜色是发黄或褐(色)。

霾和雾在一定情况下还可以相互转化。在稳定的天气条件下,排放入大气中的污染颗粒物浓度越大,霾就会越重,此时如果水汽达到饱和,污染颗粒物就会作为凝结核形成雾滴。而雾形成之后,水汽被阳光蒸发,凝结核却仍然留在空气里,此时雾又转化成了霾。

为什么我国许多城市雾霾天气越来越多,一个原因是空气中的可悬浮颗粒物越来越多,可形成雾的凝结核越来越多,使大气中的水汽只要遇到合适的气象条件就可以形成大雾。另一个原因则更可怕。国内最早提及"灰霾"的论文作者,中国气象局广州热带海洋气象研究所研究员吴兑认为:"我们原来认为重庆是'雾都'其实是误解,重庆由于抗战时期的军工开发和新中国成立后的军工建设,一直是严重的'霾都',只是过去科学认识水平不够,误认为是雾都。伦敦也是一样,它工业化以后就是个'霾都'。科学认识有个过程,我们以前认为能见度恶化都是雾造成的,其实很多情况下都是霾。"

## 1.4 雾霾的天气成因与污染原因

单纯的雾是由大量悬浮在近地面空气中的微小水滴或冰晶组成的气溶胶系统,是近地面层空气中水汽凝结(或凝华)的产物。雾的形成需要足够的湿度、静风或微风以及大气层稳定等基本条件,在我国中东部地区进入秋冬季节后,由于昼夜温差加大,而且出现无云风小的机会较多,地面散热较夏天更迅速,以致地面温度急剧下降,在清晨气温降

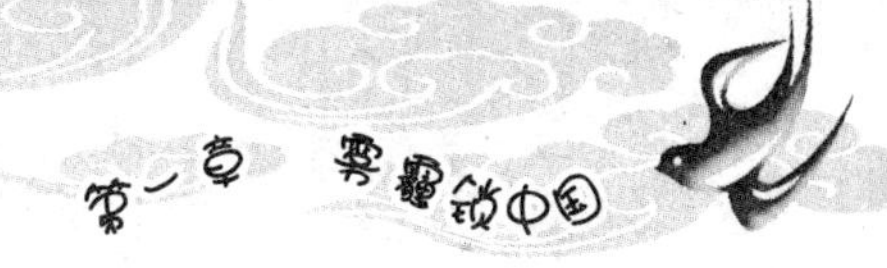


至最低时，就容易使得近地面空气中的水汽达到饱和而凝结形成雾。

## 1.4.1 雾霾的气象因素与地理因素

大气环境中的有害物质主要依靠大气流动被输送到下风向，与周围空气混合稀释后，有害物质的浓度逐步降低，对大气环境的影响逐步变小。

污染物在大气中的迁移与扩散过程受许多气象因素的影响。通常影响大气污染的气象因素主要包括：①热力因子，如太阳辐射量，大气层结构稳定度和气温的垂直分布；②动力因子，如风速和风向；③大气中的水分；④天气形势以及混合层高度等。

影响大气污染的地理因素主要包括海陆位置、大气流动与地形、地貌、城镇分布等。这些因素在小范围内引起风向、风速、大气温度、湍流、气压的变化，对大气污染物扩散产生间接影响。

## 1.4.2 雾霾的污染成因

雾霾天气是我国中东部地区秋冬季节的常见天气现象。通过对雾霾天气发生时大气相对湿度、风速、气温等气象要素以及可悬浮颗粒物浓度等环境要素的变化特征进行分析可知：虽然雾是一种自然天气现象，但形成雾的气象条件不利于污染物的稀释和扩散，在此条件下大气中颗粒物等污染物能够迅速累积，进而造成空气污染。因此，当前我国大中型城市的雾霾天气已经不仅仅是一种单纯的自然天气现象，出现雾或霾时往往都伴随着严重的空气污染。

在我国北方及中东部地区秋冬季节昼夜温差较大，在相对湿度较

大且静风或微风的情况下，容易使空气中水汽出现过饱和而凝结成雾；另一方面，此种气象条件下，非常不利于大气污染物的稀释和扩散，容易使大气中颗粒污染物迅速累积而导致严重的空气污染，大量的颗粒物尤其是细粒子悬浮于空中，对可见光有较强的散射消光作用，造成能见度下降，则形成霾。

我国中东部城市雾霾天气越来越多的主要原因归结为以下三个方面。

①在水平方向静风现象增多。城市里大楼越建越高，阻挡和摩擦作用使风流经城区时明显减弱。静风现象增多，不利于大气中悬浮微粒的扩散稀释，使颗粒容易在城区和近郊区周边积累。

②垂直方向上出现逆温。逆温层好比一个锅盖覆盖在城市上空，这种高空气温比低空气温更高的逆温现象，使得大气层低空的空气垂直运动受到限制，空气中悬浮微粒难以向高空飘散而被阻滞在低空和近地面。

③冬季气溶胶背景浓度高，空气中悬浮颗粒物的增加有利于催生雾霾形成。随着城市人口的增长和工业发展、机动车辆猛增，导致污染物排放和悬浮物大量增加，直接导致能见度降低。

中国 50 多年来雾日和霾日的变化研究结果发现，大部分地区雾日的变化并不明显，那么这些所谓的雾天增多，实际上都是霾天增多。以广州为例，吴兑认为广州 99.9% 的情况是霾而不是雾。曾经有媒体报道“北京盛夏季节 30 ℃大雾弥漫”，我们已经知道雾是低温下饱和气块的标志，夏季 30 ℃的高温条件下，水汽很难有达到饱和的能力，出现的肯定是霾。

不知从何时起，那些被古代文人墨客反复吟诵赞美的“纯粹”的

雾，在现代的城市里已经渐行渐远，笼罩在今天都市里更多的是“霾”。这些新兴的中国“雾都”实际上都是“霾都”！

1975年以后，中国霾日明显增加，到21世纪，大陆东部大部分地区霾日几乎都超过了100天，而大城市区域更是超过了150天。新疆南部多霾与那里多沙尘暴有关，而其他地区霾日的变化则更多受到了人为排放的影响，和当地的经济发展密切相关。吴兑以1951—2005年的气象观测资料为依据，列出了目前中国霾日最多的几个城市，依次为辽宁沈阳、河北邢台、重庆市区、辽宁本溪、陕西西安、四川成都、四川遂宁、湖北老河口、新疆和田、新疆且末、新疆民丰、四川内江。这些城市，也许都可以被称为中国的“霾都”。

# 第二章 PM2.5、沙尘暴

## 2.1 细颗粒污染物(PM2.5)

2011年的秋末冬初,在北京,在中国,甚至在全球,掀起了一场关于中国首都北京的空气污染真相的环保龙卷风。由于美国大使馆周边空气中的PM2.5污染数据的实时公布,中国公众第一次知道,为什么居住在北京的居民和到北京旅行的人,亲身感受到的北京空气质量与环境监测报告的差距如此巨大。

### 2.1.1 细颗粒污染物(PM2.5)分类

悬浮在空气中的颗粒物,是由各种不同形状、不同大小、不同质量的物质微粒组成的。它们的形状大致可分为球形、椭球形、纺锤形、碟形(盘形)、棒状、片状等。

颗粒污染物包括总悬浮颗粒物(降尘)、可吸入颗粒物(飘尘)、石棉、无机金属粉尘等。

在环境科学里,为了计算和处理方便,通常不考虑物质微粒的实际大小、形状和组成,把在空气中具有相似沉降速度的物质微粒,视为具有相同直径的球体。这种视同球体的直径,称为空气动力学等效直径,简称等效粒径。

专家们根据自己的研究目的和需要,按照颗粒物的大小,把等效粒径等于和小于 100 微米、10 微米、2.5 微米、1.0 微米、0.1 微米的大气颗粒物,分别称为 PM100、PM10、PM2.5、PM1.0 和 PM0.1。一般粒径小于 100 微米的颗粒物称为可悬浮颗粒物,对环境和人体危害比较大。

根据颗粒物大小的不同,可悬浮颗粒污染物可以分为以下 6 种。

①总悬浮颗粒物(TSP):指能悬浮在空气中,空气动力学等效直径小于或等于 100 微米的颗粒物。总悬浮颗粒物中,一般直径大于 30 微米的粒子,由于其自身的重力作用会很快沉降下来,所以将这部分的微粒称为降尘。

②可吸入颗粒物(PM10):指悬浮在空气中,空气动力学等效直径小于或等于 10 微米的颗粒物,也称飘尘。0.1~10 微米的颗粒物有 90%沉积于呼吸道和肺泡上,对人体危害较大。

③细颗粒污染物(PM2.5):指大气颗粒物中空气动力学等效直径小于或等于 2.5 微米的细颗粒物。

④烟:粒径小于 1 微米的颗粒物,通常烟是在燃烧过程中产生的。

⑤雾:液体颗粒,其粒径一般为 0.1~100.0 微米。

⑥气溶胶:指空气中的固体和液体颗粒物质与空气结合而成的悬浮体,它的粒径在 1 微米以下,可以悬浮在大气中。气溶胶的特点就是可以作为空气中微小水滴的凝结核,所以雾与霾都与可悬浮颗粒污染物密切相关,或者说就是雾霾的罪魁祸首。

气态物质主要有含硫化合物、氮化合物、碳氢化合物、碳氧化合物、卤素化合物等。这些气态物质对人类的生产生活以及对生物所产生的

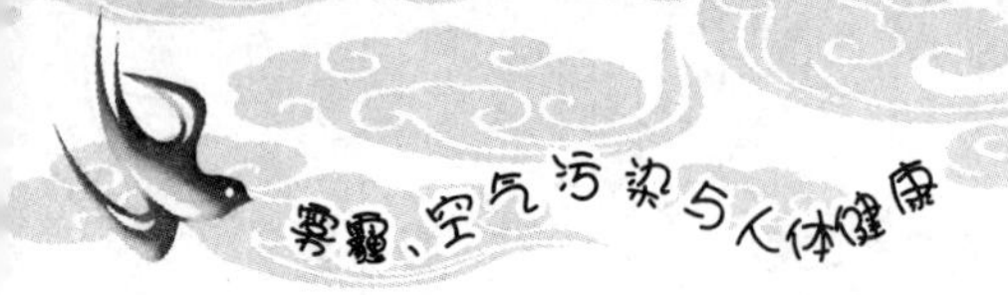


危害主要源于其化学性质。在污染物中，直接排放到大气中的称为一次污染物，有些一次污染物质在大气中通过与其他物质发生反应，化合成新的污染物质，这种物质称为二次污染物。在气态污染物质中有不少二次污染物质。

我国近年来由于大气 PM2.5 污染加上不良气象条件，雾霾频繁出现，使得 PM2.5 受到格外关注。由于 PM2.5 比表面积大，易吸附并携带大量有毒有害物质，经呼吸道进入人体肺部深处及血液循环，对人体产生的危害非常大。因此，目前国内外对颗粒物影响健康的关注与研究重点以 PM2.5 为主。

### 2.1.2 细颗粒污染物（PM2.5）的来源和形成机制

在环境科学研究领域里，大气颗粒物被列为一项十分重要的大气污染物。迄今为止，对于大气颗粒物的来源和形成机制，专家们并没有完全一致的结论，至于对各种排放源对大气颗粒物的贡献率的测算结果，差别就更大了。

大气颗粒物的来源分为两类：一类是自然源；另一类是人类活动造成的人为源。

自然源主要包括：岩石土壤风化、森林大火、火山爆发、流星雨、沙尘暴、海盐粒子、植物花粉、真菌孢子、细菌体以及各种有机物质的自燃过程等。

人为源主要包括 19 个方面：①汽车尾气排放；②摩托车尾气排放；③火车机车排放；④飞机尾气排放；⑤轮船排放；⑥工业窑炉排放；⑦民用炉灶排放；⑧农用拖拉机排放；⑨工业粉尘；⑩交通道路扬尘；⑪建筑

工地扬尘；⑫裸露地面扬尘；⑬烹饪油烟；⑭街头无序烧烤；⑮垃圾焚烧；⑯农田秸秆焚烧；⑰燃放烟花爆竹；⑱寺庙香火；⑲烟民抽烟等。

中国科学院大气物理研究所研究员王跃思博士发表论文认为，在2013年1月份我国中东部发生的雾霾天气中，细颗粒物(PM2.5)主要来自汽车尾气排放、煤炭燃烧、工业排放、地面扬尘、餐饮业排放以及其他无序排放。各种排放源对空气颗粒物的质量浓度贡献比率如下：①汽车尾气排放占25%；②煤炭燃烧占20%；③工业排放占20%；④地面扬尘占10%；⑤餐饮业排放占15%；⑥其他无序排放占10%。

安娜报道，北京地区细颗粒物（PM2.5）约60%来源于燃煤、机动车尾气排放和工业生产过程等，23%来源于地面扬尘，17%来源于溶剂挥发及其他排放过程。

于娜等报道，北京市的细颗粒物（PM2.5）主要来源为柴油车排放（15.3%）、汽油车排放（20.5%）、燃煤排放（19.0%）、生物质燃烧（2.1%）和植物碎屑（1.1%）。机动车和燃煤排放仍然是北京市细颗粒物（PM2.5）的主要来源，而且有加重趋势。

徐敬等报道，北京地区PM2.5的5类污染源分别为土壤尘、煤燃烧、交通运输、海洋气溶胶以及钢铁工业。

于扬通过因子分析方法确定，北京PM2.5有3种可能来源，即交通排放、工业排放和燃煤，本地扬尘和远源沙尘细颗粒，可能与成土母岩风化有关的土壤颗粒的再悬浮和/或迁移，其贡献率分别为41.2%、31.4%和12.2%。

朱先磊等报道，北京市PM2.5的主要来源为燃煤、扬尘、机动车排放、建筑尘、生物质燃烧、二次硫酸盐和硝酸盐及有机物。

污染源贡献率随地域变化不大，燃煤、扬尘、生物质燃烧、二次硫酸

盐和硝酸盐随季节变化比较明显。

宋宇等报道，细粒子的主要来源有 6 类：地面扬尘、建筑工地、生物质燃烧、二次源、机动车排放和燃煤。

邹长武等报道，根据他们提出的大气颗粒物混合尘溯源解析方法对某城市的颗粒物来源进行分析，得到扬尘的贡献率为 28.75%，煤烟尘为 25.22%，尾气尘为 6.87%。

2013 年 2 月 21 日，国家气象局组织召开“雾霾天气成因分析与预报技术研讨会”，邀请气象研究部门和大气环境领域的专家和学者，对雾霾的产生原因和防治问题进行了深入分析和讨论。中国气象科学研究院张小曳研究员等专家指出，细颗粒物（PM2.5）是导致北京地区雾霾灾害天气频繁出现的最主要因素。人为排放的污染物大大超过大气环境容量的极限，造成严重的大气污染，致使雾霾天气持续多日，多次出现。此外，不利的天气条件，促使大气层结构稳定度增加，低层空气中的颗粒物迅速积聚，导致雾霾灾害更加严重，形成污染—雾霾—污染—雾霾的“恶性循环”，这是持续多日的雾霾天气多次出现，并进一步加剧的主要原因。

专家们认为汽车尾气排放了大量的空气污染物。有车族对北京市严重的大气污染和雾霾灾害的形成，负有首要责任。有车族，少开车，或者不开车，是解决目前北京严重的大气污染，阻止雾霾灾害天气频繁出现的根本出路。

## 2.2 细颗粒污染物(PM2.5)的危害

2013年1月,京津冀以及我国东部广大地区遭遇严重的大气污染,先后出现四次持续多日的大范围雾霾天气。在1月份的31天里,雾霾天气达到24天。专家们说,大气颗粒物PM2.5是形成雾霾天气的罪魁祸首。于是,PM2.5再次成为人们关注和热议的焦点。1月12日,是一个难以忘记的痛苦日子。这一天,北京的天空烟雾弥漫,烟气呛人,呼吸道疾病患者急剧增加,医院人满为患。由于能见度极低,高速公路被迫关闭,飞机停飞,交通受阻。

中国环境监测总站网站1月12日全国重点城市空气质量24小时均值显示,北京的可吸入颗粒物浓度(PM10)为786微克/立方米,天津的可吸入颗粒物浓度为500微克/立方米,石家庄的可吸入颗粒物浓度为960微克/立方米。截至13日零时,在74个监测城市中,有33个城市的空气质量达到了严重污染。

2013年1月的严重雾霾天气事件中,北京市首次发出橙色污染警报,紧急启动"空气重污染日应急方案",采取了迄今为止最为严厉的控制措施:北京58家企业完全停止生产,切断污染排放源;41家企业通过减产,减少了30%的污染物排放量;在京的党政机关和企事业单位的公车停用30%。但是,治理效果却并不明显,公众抱怨,政府着急,专家学者们忧虑。空气严重污染,雾霾天气持续发生,成为社会经济发展的严重制约因素。

研究表明,总悬浮颗粒物浓度每升高100微克/立方米,人群总死

亡率、肺心病死亡率、心血管病死亡率分别增加 11% 、19% 、11%；总悬浮颗粒物浓度每增加 100 微克 / 立方米，呼吸道症状和疾病发生的相对危险度为 1.13~1.59。

在干气溶胶粒子中，我们俗称的细颗粒物（PM2.5），也称为可入肺颗粒物，在以霾为主导的雾霾天气中，可入肺的细颗粒物（PM2.5）更多。

研究发现，粒径在 10 微米以上的颗粒物，会被挡在人的鼻子外面；粒径为 2.5~10 微米的颗粒物，能够进入上呼吸道，对人体健康危害相对较小；而粒径在 2.5 微米以下的细颗粒物（即 PM2.5），能够直接进入肺泡并被巨噬细胞吞噬，可以永远停留在肺泡里，不仅仅对呼吸系统，对心血管和神经系统等都会有影响。由于雾中的水滴粒子直径通常在几十微米，和 PM2.5 相比不易直接进入肺部。

颗粒污染物粒径的大小与其对人体的危害有很大关系。粒径为 0.01~1.0 微米的细小粒子在肺泡的沉积率最高，对人体危害最大，粒径大于 10 微米的颗粒吸入后绝大部分被阻留在鼻腔和鼻咽喉部，只有很少部分进入气管和肺内。

沉积在肺部的污染物如被溶解，就会直接侵入血液，有可能造成血液中毒；未被溶解的污染物有可能被细胞所吸收，造成细胞破坏，侵入肺组织或淋巴结可引起尘肺。尘肺因所积的粉尘种类不同而各不相同，煤矿工人吸入煤灰形成煤肺，玻璃厂或石粉加工工人吸入硅酸盐粉尘形成矽肺。

由于可吸入颗粒物的粒径小，表面积大，具有很强的吸附性，在颗粒物表面浓缩和富集有多种化学物质以及致病微生物。其中多环芳烃类化合物等随呼吸吸入体内成为肺癌的致病因子。

可吸入颗粒物中对人体危害最大的是石棉和金属颗粒。

石棉具有隔热、防火和耐磨性，曾经是广泛使用的建筑防火材质；它经常出现于暖气系统以及交通工具的刹车皮中，用作隔音板、地板、天花板、磁砖以及旧式建筑物的屋瓦。因此空气污染物中不乏石棉纤维。石棉除可影响人体肺部功能外（如导致矽肺），更可造成肺癌（间皮瘤），它已被国际癌症研究中心（IARC）列为第一类致癌物（明确的致癌物）。

PM10 在浓度很低的时候就会产生有害的影响，而且一些研究也表明，只要 PM10 的浓度增加，就会对人体的健康产生负面影响，也就是说浓度没有最低限度。英国工作场所对毒性颗粒的规定也说明了 PM10 的相对毒性。英国市区规定 PM10 的浓度要低于 50 微克 / 立方米，乡村的规定更低。作为对比，英国工作场所对有害灰尘的要求是 4 毫克 / 立方米。因为 PM10 在一些研究中被证明即使在很低浓度下也会对健康产生有害影响，没有最低浓度限度，所以这意味着 PM10 是高毒性物质。然而组成 PM10 的各成分在空气中存在的浓度下本身是没有太大毒性的，其中包括很大一部分的炭、盐和金属，还有有机成分。

欧洲议会和欧盟委员会已达成协议，欧盟自 2005 年起禁止使用任何形态的石棉产品。

由于空气中小于 5 微米的飘尘粒子能自由地进入肺部深处，这些微粒就成为二氧化硫、氮氧化物等有毒气体以及致病微生物的“载体”，使其进入人体肺泡和血液。所以可吸入颗粒物和二氧化硫、氮氧化物可以发生“协同作用”，对于人体呼吸系统及循环系统危害尤其大。

我国北方城市的空气污染尤其严重，所以呼吸道慢性炎症，如慢性鼻炎、慢性咽炎发病率非常高。

由于呼吸系统持续不断地受到飘尘、二氧化硫、氮氧化物等污染物刺激腐蚀,使呼吸道和肺部的各种防御功能相继遭到破坏,抵抗力逐渐下降,从而提高了对感染的敏感性,这样一来,呼吸系统在大气污染物和空气中微生物的联合侵袭下,危害就逐渐向深部的细支气管和肺泡发展,继而诱发慢性阻塞性肺部疾患(慢支、喘支、支喘和肺气肿)及其续发感染症,继续发展就会导致肺心病。

我国呼吸系统疾病已经成为老年人第二大死因,越来越多的儿童罹患哮喘病,这不能不使我们对颗粒物污染引起警觉。

## 2.3 沙尘暴

### 殷玉珍:从"防沙治沙"到"沙里淘金"

25 年来,农家女殷玉珍在这个荒无人烟的毛乌素沙漠深处的沙海中植树 6 万亩的事迹,深深地感动了世人。她是世界的治沙典范,是中国的骄傲。如今的殷玉珍,已经不满足于坐拥 6 万余亩"碧波"而欣赏自己田园的鸟语花香。她更多的心思是如何把当地的农林业产业化,实现可持续发展。她已悄然实现从"防沙治沙"到"沙里淘金"的精彩转型。

#### 老劳模的新生活

从过去的汗珠子摔八瓣靠辛苦种树,到如今成立治沙造林公司,实现林农牧渔一体化的绿色循环经济,她开始尝试先辈们没有尝试过的沙里淘金探索。殷玉珍说:"这些年,社会各界对我的关心没的说,种了

25年树，恶劣的生态环境改善了，我们治沙人的生活质量也该提高了，这个钱也要从沙漠里挣。我不仅要做治沙状元，更要当致富能手。”

作为一名普通的农村妇女，殷玉珍凭着对防治沙漠化的满腔热情，自1985年起，在自然环境十分恶劣的条件下，自筹经费，历尽艰辛，在昔日寸草不生的毛乌素沙海荒漠中与肆虐的黄沙展开了殊死搏斗，二十多年来从不退缩，植树60万余株，筑防风沙障2万多亩，建成了近6万亩的绿洲。在她的感召下，周围群众积极承包荒沙地植树造林，当地森林覆盖率由十年前的32%提高到现在的70%，植被覆盖率也由45%提高到了85%，为防治沙漠化作出了积极的贡献。她的事迹可歌可泣，曾先后荣获全国劳动模范、全国“三八绿色奖章”“全国十大女杰”等殊荣。

“我们家现在的境况和二十年前相比，那真是天上地下。”“三八”妇女节前夕，刚刚在乌审旗嘎鲁图镇开完妇女代表大会，殷玉珍就驾着她的越野车，一路风尘地赶到100多公里外的无定河镇，联系农村信用社的贷款项目。一路上，她滔滔不绝地向记者讲述的仍然是防沙、治沙、管沙、用沙和发生在她奋斗的那个叫井背塘的沙窝窝里的传奇故事。

汽车行驶在弯弯曲曲的穿沙公路上，峰回路转，一座蓝顶白墙的现代化小二楼出现在眼前，令人眼前一亮。放眼望去，沙柳、杨柴、柠条、旱柳等乔灌木层层叠叠，即将吐绿展芳。

这座小二楼是殷玉珍家治沙造林以来居住的第四代房屋。殷玉珍还能清晰地回忆起建第三代住房时，她跟丈夫在沙漠里背砖运泥的情景，而现在的小二楼是乌审旗政府援助建设的，其中还有旗委书记张平的工资。“真是太感谢政府了！”殷玉珍激动地说。经过20多年的坚

持，当年人迹罕至的井背塘，现已变成一个满目清幽的绿色庄园。只是那埋于黄沙中的第一代“住房”——半截窝棚还“留守”在那里，见证着殷玉珍一家人捍卫家园的勇气和决心。

说到感谢，还有一件事值得一提——鄂尔多斯市政府为殷玉珍家修了一条8公里长的柏油路，使得她跟外面的世界联系起来更加通达。2007年，时任鄂尔多斯市长云光中为柏油路建成通车剪彩，曾动情地说：“劳模不能总受苦，劳模也要有新生活。”这番话无疑是当地政府对殷玉珍20多年来的无私付出发自内心的最好褒奖。

每年“五一”以后，来殷玉珍家参观、学习的人就络绎不绝，在小二楼的旁边，殷玉珍还建起了一个能够同时容纳500人就餐的餐厅，窗明几净，简洁大方。2010年9月，由6名大学生和中学生组成的韩国志愿者团队找到了殷玉珍。他们来到内蒙古与殷玉珍一起种树、锄苗、浇水。

“城市里来的这些孩子们家庭条件都不错，真没想到他们那么能吃苦。我们种树的时候都是成年人了，他们却是娃娃的时候就开始种树，比我厉害！”殷玉珍说。

据殷玉珍的儿子白国林介绍，到目前为止，今年已有近2 000人次来到沙漠深处与殷玉珍一起植树，其中既有地方政府组织的参观学习队伍，也有许多来自国内外的志愿者。

在众多志愿者中，来自德国的托马斯和法国的弗洛伦斯让殷玉珍印象深刻。“他们特别节约用水，用洗完脸的水来洗脚，洗完脚后再拿去浇树。虽然语言不通，但是通过这些细节我能感觉到他们节约用水的精神。他们知道水是沙漠里最珍贵的东西。”殷玉珍说。

最使殷玉珍难以忘怀的是，几年前美国自由民主基金会的赛·考斯

基来她林地上种树并资助5000美金的情景："人家给我捐款，我总该表示点什么。"那天，场面十分热闹，殷玉珍特地准备了糕和豆面招待美国友人，她告诉赛·考斯基，糕在她的家乡被认为代表"高高兴兴"，豆面切得又细又长表示祝客人"健康长寿"。接着，她又拿出两双自己花了几个晚上精心绣成的鞋垫，双手递给了赛·考斯基说："您给我帮助，我没有什么好报答的。以后，我一定要多种树，种好树，这两双鞋垫，是我用千针万线缝成的，一双给您，一双给您的妻子。希望您垫上它，不论走到哪里，都能想到中国，想到我们。"听了这番话，赛·考斯基激动地站了起来，不断用手比画着。他说，这鞋垫他是不会垫在脚下的，回家后他要专门买个镜框，把鞋垫镶进去挂在墙上欣赏。他还留给殷玉珍这样一段话："你和你的丈夫是中华民族的骄傲，你们是真正的英雄，是所有热爱大自然、热爱自己国家者的楷模。我永远忘不了你们。"

采访中，殷玉珍的电话不断，不到一下午就耗完了一块手机电池，换了一块新电池，她继续和记者聊天。

出名后，各种荣誉纷纷向殷玉珍涌来。记者在她家的展览室看到，各种奖杯、奖章、奖状、证书数不胜数。有两个新获的奖杯陈列柜里放不下，只好放在了外面。去年10月，殷玉珍以中国治沙女英雄的身份，参加了韩国"妇女与防治荒漠化"国际会议，并在这次国际会议上成为2010年水环境大奖"盖娅"(GAIA)奖获得者。几年来，殷玉珍的足迹踏遍了世界10多个国家以及中国香港地区。无论是去领奖还是讲课，她都十分珍惜，因为她知道自己还肩负着向世界展示中国的使命。

交谈中，殷玉珍的丈夫白万祥一直屋里屋外地忙活。即使坐下来，手也不拾闲，把植树的工具打磨得十分光亮。我们问："还没受够种树的苦？"他憨憨地一笑说："开春了，地就要解冻了，得提早作准备啊！"

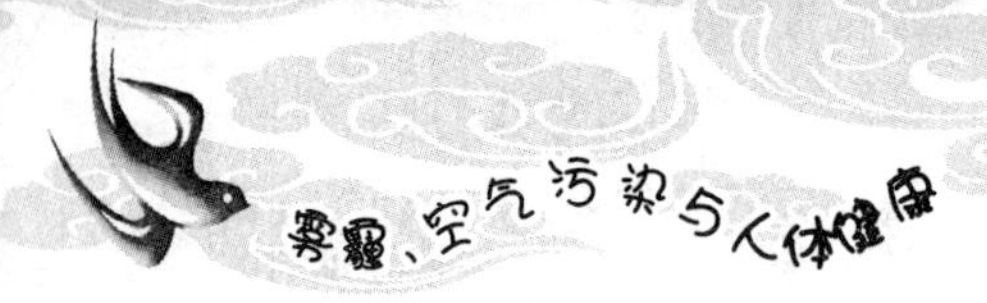


当然还有让殷玉珍夫妇更加开心的事，去年9月，他们的大儿子大学毕业后考进了乌审旗政府工作，儿媳妇在乌审旗林业局上了班。“看来，我们家一辈辈都是植树的命。”殷玉珍笑着说。

## 老劳模的新转型

流沙固定了，环境改善了，殷玉珍的家园变成了一个绿色的小王国。可以说，殷玉珍已经“功成名就”，完全可以靠山吃山、靠水吃水，过几天轻闲的日子。然而恰恰相反，走出沙漠的殷玉珍很快就与时俱进，不但用先进的思想“武装”了自己，而且很快付诸行动。毕竟，她是一个“不安分”的女人。

2005年，殷玉珍成立了内蒙古绿洲治沙造林有限公司，注册资金100万元，主要经营自己种植的绿色有机食品，比如小米、西瓜、玉米等。据了解，她的绿色有机小米卖到了30块钱一斤，正好迎合了现代人健康保健的需求。“这些好东西走不出乌审旗就卖光了。”殷玉珍高兴地说。2010年，加上出售的100多只羊、400多头牛，殷玉珍公司的销售额达到了100万元。

殷玉珍为她的产品注册了“漠海”商标。为了注册这个商标，呼和浩特市工商局的一位朋友鼎力相助。殷玉珍认为，大漠虽然荒凉，但是只要人们善待它，也会像大海一样浩瀚，有取之不尽、用之不竭的宝藏和财富。

对于她理解的“漠海”——殷玉珍掰着指头给我们算账：“我不仅要治沙，还要吃沙。树木巩固了沙漠，种出的庄稼不但能卖钱还能养牛羊，我要发展绿色循环经济。”而且按照殷玉珍的构想，如果农村信用社的贷款能够到位，她将建一个沙漠中的人工湖，湖里要养鱼，彻底实现林农牧渔一体化发展。

不仅如此，殷玉珍近几年种植的经济林也初具规模，杏树、桃树的成活率很高。这些经济林除了可以开展农业观光采摘经济以外，还可以进行生产加工。殷玉珍近期的打算是先建一个小型的果品加工厂。

从以前沙里种树到如今沙里淘金，殷玉珍已经初步实现了治好沙、管好沙、用好沙的“沙产业”雏形，并且影响了越来越多的人。据了解，目前仅乌审旗3 000亩以上的造林大户就达246户。“从前沙‘吃’了多少人不知道，但以后肯定是人‘吃’沙的越来越多了！”殷玉珍自豪地说。

## 老劳模的新期待

尽管殷玉珍进行着从劳模到企业家的悄然转型，但作为一个从农村赤脚走出来的妇女，许多困惑还是非常现实地摆在她面前。“头绪太多，经常忘事儿，在这儿接受你们采访，脑袋又想起别的事儿。”这是殷玉珍反复感慨的一句话。

按照设想，她的绿色家园应该逐步建设成内蒙古南大门一张亮丽的名片——让近邻陕西不仅看到满眼绿色，还要有独具蒙古族特色的建筑、雕塑等，打造成中国西部最大的沙漠蒙古族旅游度假基地。问题是，如何避免建设的同质化？怎样才能有更高的起点与规模？她几乎每天都在探索答案，晚上只睡四五个小时，也还是没有想透。

资金短缺也是制约发展的一个瓶颈。“过去靠政府扶持、社会各界赞助的多，但要想把事业做大，就得想别的道道了。”殷玉珍说，这几年她跟金融部门打交道多起来了，就是想在融资模式上有一个新突破。

经营管理的难题也摆在了她的面前。现在殷玉珍雇佣工人都是集中在生产旺季，随着规模扩大，在管理上就显得有些力不从心。“我的文化底子薄，要是有机会一定要去大学里学一学、充充电。”

有时候,她也会冒出把6万亩治理好的沙地,一股脑地交还给国家,然后自己再承包一片沙地重新创业的想法。但她还是免不了担心,自己亲手养大的“孩子”会不会受人欺负、被人磕打?听林业部门的同志说,旗里要组建一个绿化园林公司,像他们这样的造林治沙大户都可以入股,殷玉珍不免又充满了期待。

凡是到过殷玉珍绿色庄园的人们无不仰慕她,赞誉她的“绿色事业”。而殷玉珍也毫不掩饰她的“绿色抱负”:“从开始栽树的那一天起我就从没想过要停止,我会像呵护自己的孩子一样,继续栽更多的树以保护好我们赖以生存的地球家园,创造更多让中国自豪、世界感叹的奇迹。”

她的抱负还远不止于此。她开创了一条沙漠生态绿化和低碳发展之路,开发了沙漠旅游、沙漠植物资源、绿色有机农产品等多种沙漠生态产业,最终意在全球防治荒漠化的队伍中,树立一个个人治理荒漠化的典型样板。

资料来源:中华全国总工会

## 2.3.1 沙尘暴:荒漠化的警钟与必然结果

在气象观测中,通常将发生在大气中由风吹起地面沙尘使水平能见度降低的天气现象划分为以下几种。

①浮尘:悬浮在大气中的沙或土壤粒子,水平能见度小于10千米的天气现象。

②扬沙,又名高吹沙(尘):能见度在1~10千米内的天气现象。中国以新疆、内蒙古等干燥地区多见,并且多在春季出现,南方极少。

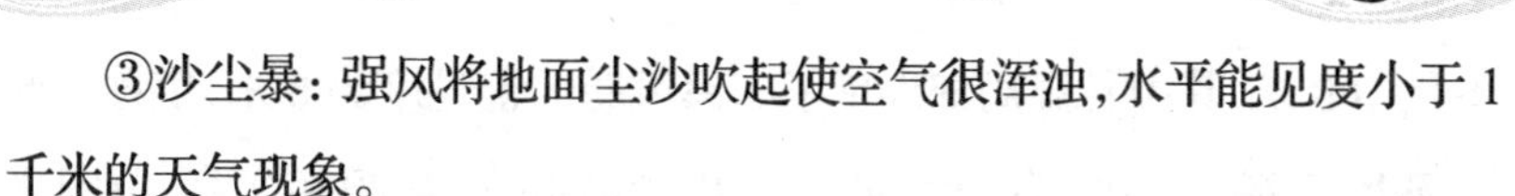


③沙尘暴：强风将地面尘沙吹起使空气很浑浊，水平能见度小于1千米的天气现象。

④强沙尘暴：大风将地面尘沙吹起，使空气很浑浊，水平能见度小于500米的天气现象。

沙尘暴可称得上是我国现今最重大的气象和环境灾害之一。因为大风加上浓密的沙尘，其危害非同一般。它除了一般大风破坏，大面积迅速刮蚀农田肥土，吹失吹死种子和幼苗，打落瓜果和经济作物花朵等之外，还大面积沙埋农田牧场和干旱地区的生命线——水渠和坎儿井。幸存作物的叶片蒙尘之后，其光合作用和呼吸作用大大减弱，这严重影响了作物生长。发生强沙尘暴时，交通事故大量增加，飞机、火车、汽车常被迫停运。

300多年来，我国已有5次沙尘暴频发期，上一次频发期是1820—1890年发生的。近半个世纪我国西部沙尘暴的变化特点是：20世纪50年代沙尘暴发生日数多，60年代发生日数最少，70年代略有增加，80年代又处于逐渐减少的趋势，90年代有明显增加，21世纪初则上升到一个新阶段，为百年之罕见。

2000~2001年我国西部连续出现了30次沙尘暴天气，出现之早，发生频率之高，影响范围之大，为国内外少有，不仅影响到北方的14个省区市，而且波及面南至我国台湾地区、东至日本，造成机场关闭、道路阻断、人员伤亡等。

2002年3月18日至20日，沙尘暴借助最高达8级的大风，自西向东席卷我国西北、华北、东北地区以及黄淮西北部，横扫我国半壁江山，是几十年以来最大的一次沙尘暴，影响人口达1.3亿。尤其在甘肃西部、宁夏北部、内蒙古中西部和东南部地区，出现了强沙尘暴，能见度

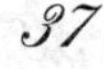

不足 500 米，其中甘肃局部出现了“黑风暴”，能见度为 0 米，堪称“伸手不见五指”。2002 年沙尘暴天气出现时间之早、频率之高、范围之广，均为历史罕见。

## 2.3.2 我国荒漠化的现状与沙尘暴来源地

根据《联合国防治荒漠化公约》的界定，荒漠化是指包括气候变异和人类活动在内的种种因素造成的干旱、半干旱和亚湿润干旱地区的土地退化。

土地退化是指由于使用土地或者由于一种营力或数种营力结合致使干旱、半干旱和亚湿润地区的雨浇地和水浇地以及草原、牧场、森林或林地的生物或者是经济生产力和复杂性下降或丧失。

造成荒漠化的原因，是包含“气候变异和人类活动在内”的种种因素。荒漠化范围，是在“干旱、半干旱和亚湿润干旱地区”，即指年降水量与潜在蒸发量之比为 0.05~0.65 的地区，但不包括极区和副极区。

荒漠化一词是 1949 年法国科学家奥布里维尔提出来的，当时他把热带雨林在人为影响下变成稀疏草原乃至荒漠景观的过程称为荒漠化。1977 年联合国在肯尼亚首都内罗毕召开的世界防治荒漠化会议上首次正式使用了“荒漠化”这个词。

我国是世界上受沙漠化影响最大的地区之一。我国的沙漠化土地主要分布在北方干旱、半干旱和部分半湿润地区，从东北经华北到西北形成一条不连续的弧形分布带，尤以贺兰山以东的半干旱区分布最为集中。我国西部地区荒漠化问题尤其严重，生态环境呈现“普遍脆弱、局部改善、短期改善、长期恶化”的特征。

我国主要有 8 大沙漠,主要分布在西北部。它们分别是以下几个。

①位于新疆的塔克拉玛干沙漠,是我国最大的沙漠,也是世界第二大流动沙漠,面积 33.76 万平方千米。

②古尔班通古特沙漠,位于新疆准噶尔盆地中部,面积 4.88 万平方千米。

③巴丹吉林沙漠,位于内蒙古高原西南,面积 4.43 万平方千米。

④腾格里沙漠,位于内蒙古,面积 4.27 万平方千米。

⑤柴达木沙漠,位于青海柴达木盆地,面积 3.49 万平方千米。

⑥库姆达格沙漠,位于新疆南部东端,面积 1.95 万平方千米。

⑦乌兰布和沙漠,位于河套平原西南,面积 1.15 万平方千米。

⑧库布齐沙漠,位于内蒙古鄂尔多斯高原北部,面积 1.86 万平方千米。

截至 1999 年,我国有荒漠化土地 267.4 万平方千米,占国土总面积的 27.9%。与 1994 年监测结果相比,我国荒漠化仍呈扩展趋势,1995 至 1999 年, 5 年净增荒漠化土地 5.2 万平方千米,年均增加 1.04 万平方千米。全国沙化土地总面积到 1999 年为 174.31 万平方千米,占国土总面积的 18.2%。与 1994 年普查同等范围相比, 1995 至 1999 年, 5 年沙化土地净增 17 180 平方千米,年均增加 3 436 平方千米。青藏高原近年来荒漠化速度加快,荒漠化迹象十分明显,黄河源流区大量湿地和湖泊消失。中国沙漠化土地的分布和中国潜在沙漠化土地分布分别见表 2.1 和表 2.2。

**表 2.1　中国沙漠化土地的分布**

| 地　区 | 总面积 / 平方千米 | 正在发展中的沙漠化土地 / 平方千米 | 强烈发展中的沙漠化土地 / 平方千米 | 严重沙漠化土地 / 平方千米 |
|---|---|---|---|---|
| 呼伦贝尔 | 3 799 | 3 481 | 275 | 43 |
| 嫩江下游 | 3 564 | 3 286 | 278 | |
| 吉林西部 | 3 374 | 3 225 | 149 | |
| 兴安岭东侧（兴安盟） | 2 335 | 2 275 | 60 | |
| 科尔沁（哲里木盟） | 21 567 | 16 587 | 3 805 | 1 175 |
| 辽宁西北 | 1 200 | 1 088 | 112 | |
| 西拉木伦河上游（昭乌达盟） | 7 475 | 3 975 | 1 875 | 1 625 |
| 围场、丰宁北部 | 1 164 | 782 | 382 | |
| 张家口以北坝上 | 5 965 | 5 917 | 48 | |
| 锡林郭勒及察哈尔草原 | 16 862 | 8 587 | 7 200 | 1 075 |
| 后山地区（乌兰察布盟） | 3 867 | 3 837 | 30 | |
| 前山地区（乌兰察布盟） | 784 | 256 | 320 | 208 |
| 晋西北 | 52 | 52 | | |
| 陕北 | 21 686 | 8 912 | 4 590 | 8 184 |
| 鄂尔多斯 | 22 320 | 8 088 | 5 384 | 8 848 |
| 后套及乌兰布和北部 | 2 432 | 512 | 912 | 1 008 |
| 狼山以北 | 2 174 | 414 | 1 424 | 336 |
| 宁夏中部及东南 | 7 686 | 3 262 | 3 289 | 1 136 |
| 贺兰山西麓山前平原 | 1 888 | 632 | 1 256 | |
| 腾格里沙漠南缘 | 640 | | 640 | |
| 弱水下游 | 3 480 | 344 | 2 848 | 288 |
| 阿拉善中部 | 2 600 | 392 | 2 208 | |
| 河西走廊绿洲边缘 | 4 656 | 560 | 2 272 | 1 824 |
| 柴达木盆地山前平原 | 4 400 | 1 136 | 1 824 | 1 440 |
| 古尔班通古特沙漠边缘 | 6 248 | 952 | 5 296 | |

续表

| 地　区 | 总面积 / 平方千米 | 正在发展中的沙漠化土地 / 平方千米 | 强烈发展中的沙漠化土地 / 平方千米 | 严重沙漠化土地 / 平方千米 |
| --- | --- | --- | --- | --- |
| 塔克拉玛干沙漠边缘 | 24 223 | 2 408 | 14 200 | 7 615 |
| 合计 | 176 441 | 80 960 | 60 677 | 34 805 |

资料来源：朱震达，《中国沙漠图》

## 表 2.2　中国潜在沙漠化土地分布

| 地　区 | 面积 / 平方千米 |
| --- | --- |
| 呼伦贝尔 | 4 260 |
| 嫩江下游 | 1 501 |
| 吉林西部 | 4 512 |
| 科尔沁草原 | 5 440 |
| 西拉木伦河上游 | 7 793 |
| 河北坝上 | 5 536 |
| 锡林郭勒草原 | 47 687 |
| 乌兰察布盟后山 | 4 028 |
| 乌兰察布草原北部及狼山以北 | 19 200 |
| 晋西北及陕北 | 5 840 |
| 鄂尔多斯中西部 | 10 720 |
| 宁夏东南部 | 2 560 |
| 阿拉善地区 | 17 865 |
| 河西走廊 | 2 036 |
| 柴达木盆地 | 3 520 |
| 塔里木盆地 | 12 690 |

资料来源：朱震达，《中国沙漠图》

### 2.3.3 沙尘暴与荒漠化的成因

荒漠化的形成源于土地和植被被破坏。沙漠是由于降水量少,无成活植被而形成的,是千百年来缓慢形成的自然荒漠。但是,只要干旱的加害力不超过生态系统具有的复原能力,沙漠地区就会随着旱季和雨季的交替而保持原状。如果干旱的加害力超过了自然生态系统的复原能力,荒漠化就开始了。干旱的加害力分为自然和人为两种。今日的荒漠化特征是人为加害力远大于自然加害力,人类的生产活动使干旱破坏力加剧,人类对自然环境的过度开发、对自然资源的过量开采和因过度放牧对植被造成的破坏,致使荒漠化的速度已远远超过了复原的速度,致使荒漠化成为一大全球性环境问题。

造成我国土地荒漠化、沙化并加速扩展的原因有气候因素、旱地和临近的半湿润区生态系统的自然脆弱性,更主要的是不合理的人为活动。中国科学院对现代荒漠化过程的成因类型做过详细的调查,结果表明:在我国北方地区现代荒漠化土地中,94.5%为人为因素所致。人为活动导致的荒漠化表现在以下几个方面。

**1. 人口增长**

人口增长必然会对农、畜产物的需求增加,所以导致过度耕作和过度放牧。

**2. 过度耕种、过度开垦**

过度开垦、滥垦是荒漠化重要的原因。所谓滥垦,是指在不具备垦殖条件又无防护措施的情况下,在干旱、半干旱和半湿润地区进行的农业种植活动。

在干旱、半干旱沙质土壤地区，特别是沙区边缘地区从事农业生产，本身就存在着土地荒漠化的威胁。过度耕种必然导致土地的肥力下降和农作物产量下降，土壤表层板结，土壤流失，从而面临荒漠化的严重威胁。沙质土壤极易遭受风蚀，大量的有机质及细粒土在粗放管理情况下随风流失，土壤肥力逐年下降，作物产量逐年降低，终因经济效益极差甚至不合算而弃耕，弃耕地因植被恢复困难，继续遭受风蚀，进而变成流沙地。

据内蒙古、新疆、青海、黑龙江等 10 省（区）不完全统计，近 20 年来草地被开垦 6.8 万平方千米，其中大多是水草丰美的各类放牧场和割草场。由于过分强调“以粮为纲”，从 20 世纪 50 年代到 70 年代，在我国西北地区出现过 3 次大规模开荒，开垦草地面积在 6.67 万平方千米以上，影响范围从最北部的呼伦贝尔到科尔沁、浑善达克、毛乌素直至青海共和县。开垦为农田的草原地区，生态系统脆弱，降水量少而不稳，土壤富含沙质，风力强大，风季与干季与植被无叶期同步。开垦后，由于耕作粗放、广种薄收（如内蒙古乌兰察布盟后山地区，人均占有耕地 0.53~0.87 公顷，而每个劳动力所要耕种的土地达 2~3 公顷，粮食单位面积的产量很低，作物亩产在 50 公斤左右），土壤表面在缺乏防护措施的情况下，受到风蚀或沙埋，单产急剧下降，只好撂荒。撂荒地由于植被遭到破坏，在风力作用下很快发生沙化。

**3. 过度放牧**

过度放牧是草地沙化、退化的主要原因。我国牧场退化情况很严重。过牧超载、重用轻养、乱开滥垦，使草原破坏严重，以致草原退化、沙化。

北方草原荒漠化的主要原因是过度放牧，即超过天然草地承载能

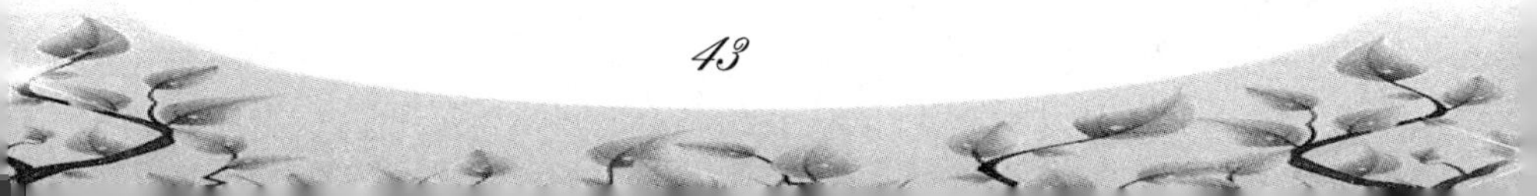

力的放牧活动。过牧是一种典型的“公地悲剧”。随着人口增加和受市场利益驱动，牧民盲目增加牲畜头数，导致草场严重超载，过牧、抢牧、争牧现象也经常发生。结果一方面，由于牲畜的过度啃食，使牧草植株变稀变矮，优良牧草减少，毒草因牲畜不吃，数量急剧增加，草场可食牧草的产草量大幅度下降；另一方面，由于牲畜的过度践踏，使地表结构受到破坏，造成风蚀沙化。据调查，新中国成立以来，我国牧区家畜由 2 900 万头（只）发展到 9 000 多万头（只），草原面积却因开垦破坏和沙化减少 667 万公顷，使过牧现象更为严重。

根据计算，目前荒漠化地区共有 105 万平方千米的草场发生不同程度的退化，长期超载过牧是一个重要原因。其中以内蒙古草原最为严重，草场超载、过度放牧的现象特别突出。20 世纪 90 年代，内蒙古全区可利用草场面积约为 5 170 万公顷，与 80 年代中期遥感调查资料 5 998 万公顷相比，减少了 828 万公顷，草场的生物生产量比过去大大降低。而牲畜数量却在逐年增加，达到 7 000 万头（只），与 80 年代中期相比增加了约 3 000 万头（只）。每只绵羊单位所拥有的有效草场面积 20 世纪 50 年代为 3.3 公顷，80 年代中期为 0.87 公顷，目前降至 0.42 公顷，与 50 年代相比减少了 87.3%，与 80 年代相比减少了 51.7%。

**4. 滥用水资源**

水在干旱、半干旱地区有着特殊的地位，当干旱地区生态系统严重缺水而出现临界状态时，同时也会导致生态系统的退化。一些地区由于大规模开采地下水，使地下水位急剧下降，导致大片沙生植被干枯死亡，沙丘活化。另外上游地区由于过量灌溉造成大片土地次生盐渍化，下游则由于上游过量提水造成河流流量减少甚至断流，致使农田得不到及时灌溉，进而风蚀沙化。

#### 5. 森林的过度伐木

过去，生活能源的解决方式不像现在可以用电、煤等，那时最主要是以柴草为主。从古代开始，人们就肆意砍伐。现代社会，过度伐木现象日趋严重。过度伐木使大面积的森林遭受破坏。缺乏森林保护的土地阻挡不住风把表土吹走，造成土壤侵蚀。

#### 6. 不合理的管理方式

不合理的管理方式阻碍人们对土地使用采取合适的可持续开发方式。

#### 7. 历史上的政治动乱

纵观中国历史，几乎每一次大的战争，都对环境造成了巨大的破坏，使原本水土丰茂的好地方变得一片荒凉。

### 2.3.4 沙尘暴、荒漠化治理及植被保护

#### 1. 国际合作

1977 年，联合国召开了防治荒漠化会议，制定和实施了防治荒漠化的行动计划，土地荒漠化作为一个重要的全球环境问题引起全世界的关注。1987 年联合国环境规划署成立了“防治荒漠化规划中心”，其主要活动是协助有关国家将防治荒漠化的计划与国家的发展结合起来，制订统一、协调的计划。

1992 年 6 月 3 日至 14 日在巴西里约热内卢召开的有 100 多个国家元首或政府首脑参加的联合国环境与发展大会上，将防治荒漠化列为国际社会优先采取行动的领域。1994 年 6 月，联合国通过了《关于

在发生严重干旱和（或）荒漠化的国家特别是在非洲防治荒漠化的公约》。

1994年12月，联合国第49届大会通过了115号决议，宣布从1995年起，每年6月17日为"世界防治荒漠化和干旱日"，呼吁各国政府重视土地沙化这一日益严重的全球性环境问题。

20世纪80年代以后，保护森林，特别是保护热带雨林成为国际社会高度关注的一个问题。1985年，联合国粮农组织制订了热带林行动计划。1992年，联合国环发大会通过了"关于森林的原则声明"。

控制森林破坏的另外一个国际行动领域是限制木材的国际贸易。《濒危野生动植物种国际贸易公约》将一些有重要商业价值的木材列入了控制清单。《国际热带木材协定》也涉及木材的国际贸易。一些国际性非政府组织，如森林管理委员会（FSC），也制订了森林可持续管理原则和标准，监督森林产品的贸易。

**2. 我国的努力**

我国北部风沙危害频繁。多年来，各级政府对风沙危害的防治给予了较充分的重视，从20世纪60年代初至今，先后在一些风沙危害的典型地段，交通干线附近，进行了重点的沙害治理，采用植物固沙，探讨了固沙植物的选用及合理配置，扼制了当地风沙危害的蔓延，提出了各种沙害的预防和整治模式，取得了很大的成就。"三北防护林"体系是1978年由国务院批准的一项重大生态环境保护和防沙、治沙工程，被称为"绿色长城"。截至1996年底，建设区已累计完成造林2.86亿亩，已有50多个县建成了区域性防护林体系。在"三北"大部分省区和绝大部分地区，大风刨地毁种、流沙淤积阻路的现象基本消除，防护林建设已经成为"三北"地区经济和社会可持续发展的生态屏障。

1994 年 10 月，我国在《联合国关于在发生严重干旱和（或）荒漠化的国家特别是在非洲防治荒漠化公约》文本上签字。与此同时，国务院成立了由 16 个部委参加的“联合国防治荒漠化公约中国执行委员会”、“全国防治荒漠化工作协调领导小组”。有 24 个省（区、市）林业厅（局）成立了防治沙漠化办公室，成立了中国防治沙漠化监测中心，并在全国 30 个省（区、市）开展了全国沙漠化普查与监测工作，普查与监测范围涉及 680 个沙区县、7 630 个乡镇。

我国还制定了一系列方针政策和措施，明确了荒漠化治理及植被保护的目标。

①到 2010 年，全国新增森林面积 3 900 万公顷，治理荒漠化土地面积 2 200 万公顷，森林覆盖率达到 19.4% 左右。

②到 2030 年，中国林业建设将进入持续攻坚、加快发展阶段。全国新增森林面积 4 600 万公顷，治理荒漠化土地面积 4 000 万公顷，森林覆盖率达到 24.2%，各类自然保护区面积占国土面积的 12%。

③到 2050 年，中国林业建设将步入巩固、提高和稳定发展的阶段。全国宜林地全部绿化，新增森林面积 1 921 万公顷，治理水土流失面积 2 497 万公顷，治理荒漠化土地面积 1 118 万公顷，森林覆盖率达到并稳定在 26% 以上。

## 新闻眼：百万大军搂发菜 阿拉善在哭泣

历史上的阿拉善地区大部分是水草肥美的天然草场，清朝中叶为王室的牧马场。黑河下游额济纳河沿岸绿洲、东西绵延 800 多公里的梭梭林带、贺兰山天然次生林以及沿贺兰山西麓分布的滩地、固定和半

固定沙地，在空间上呈“π”字形分布，构成阿拉善地区最重要的生态屏障，同时也关系河西走廊、宁夏平原和河套平原、首都北京乃至全国的生态环境大局。但是，近年来这里的生态不断恶化，据2002年度卫星遥感数据显示，阿拉善盟荒漠化景观面积达223 806.2平方公里。其中：沙漠总面积为72 620.34平方公里，占全盟面积的30.23%。从1996年到2002年的时间里，全盟沙漠面积增加2 471平方公里，年均增加353平方公里。

2008年4月10日，阿拉善左旗遭遇今年以来最为强烈的一次沙尘暴，风速达到13米/秒，风力达到7级。这次沙尘暴使阿拉善左旗的牲畜死亡4 500多头（只）、丢失2 000多头（只），棚圈损坏750多座、倒塌150多座，埋没人畜饮水井640眼，损坏牧户小型风力发电机560台，损坏房屋580间，受灾农田3 350亩……据初步估算，经济损失达到1 549万元。

与此同时，在阿拉善盟稀疏的草原上，却有一批人长年累月疯狂地搂采发菜，他们大多来自宁夏、甘肃等地，导致草原植被被大面积地破坏，裸露出来的黄色地表成了风沙的新源头……

### 小灌木几乎被砍光

2006年1月30日，农历大年初二，家住阿拉善左旗巴彦浩特镇的梁景中老人晨练时发现，贺兰山脚下有数十个黑点在戈壁滩上活动，当梁景中老人走近后才看清这些“黑点”是搂发菜的人。与此同时，阿拉善左旗、阿拉善右旗的许多苏木（镇）也相继发现搂发菜者。大年初二晚上，当阿拉善右旗阿拉腾敖包苏木牧民金山一家老小欢聚一堂时，4辆满载着搂发菜者的三轮车悄悄地驶入了他的草场。第二天，当金山看到距他房屋不远处的新搭的帐篷时，他知道搂发菜的人又来了。在

阿拉腾敖包苏木仅从正月初二到正月十五,涌入该苏木的外地搂发菜者就达到2 000多人。

阿拉善左旗木仁高勒苏木的牧民孟巴特,将我们引领到距他家两公里的一片已经荒漠化的草场上告诉记者,在1990年以前,这里曾经生长着近百亩的梭梭林,后来被搂发菜的人砍去烧火取暖做饭。据了解,只要是在搂发菜的人居住的地方,方圆1平方公里之内的小灌木几乎被砍光。

3月8日至9日,阿拉善左旗草原监理所开始对巴润别立镇禁牧区内的搂发菜者进行清理。2天中,该所共清退250余名搂发菜者、三轮农用车6辆,没收搂发菜工具200余件、发菜300余斤。

## 4 000万亩草场遭受破坏

发菜俗称地毛,形如人发,呈乌黑色,是一种野生类植物,多生长于山地荒漠类草场和丘陵类草场。据营养专家分析,发菜内含有较丰富的蛋白质、碳水化合物及人体所需的钨、磷、铁、碘等物质。由于发菜谐音为"发财",因此在我国沿海及日本、东南亚地区颇受青睐,而且售价极高,被誉为"黑黄金"。

阿拉善盟共有荒漠化、半荒漠化草原2.6亿亩,部分草原很适合发菜生长,其中以阿拉善左旗、阿拉善右旗分布面积最广,达到2 000多万亩,发菜零星分布达到了亿亩以上。

据阿拉善盟草原管理站不完全统计,1990年至2004年间,累计涌入阿拉善盟外来搂发菜者达到100万人次之多,4 000万亩的草场遭受到严重破坏。尤其是近几年,每年约有几万名搂发菜者涌入阿拉善盟,并且呈逐年上升的势头。

据阿拉善盟草原管理站站长庄光辉介绍,20世纪90年代末期,搂

发菜行为越来越猖獗。为了有效保护草原植被，2000年6月，国务院下发了《关于禁止采集和销售发菜制止滥挖甘草和麻黄草有关问题的通知》，并且取缔了全国最大的“同心发菜交易市场”，可是交易并没有因此停止，而是从公开转为地下。由于交易的发菜量减少，发菜的黑市价格不断飙升。现在阿拉善盟黑市交易的发菜每公斤卖到240~280元，贩往珠海等沿海城市后价格可以卖到1 600~2 000元。

在暴利的驱使下，从20世纪80年代开始，阿拉善草原便出现了大规模的搂发菜者，他们大多是来自宁夏回族自治区同心、海原、固原和甘肃省张掖、山丹、古浪等县（市）的农民。起初，他们是用手捡发菜，1992年起，他们逐渐转用宽约1米的大铁耙搂取。一耙搂下去，地表的土层全部散开，地表上较浅的植物一搂而尽，就连扎根较深的荆棘、驼绒藜也遭到了破坏。据了解，用铁耙搂起来的是发菜和草根的混合物，每搂0.5公斤发菜，破坏草场面积达3~4亩。按照每人一年搂180天、每天搂3亩计算，每人每年就毁坏草场540亩。

## 严重扰乱当地治安

多年来，外来搂发菜人员在不断破坏草原的同时，也危害着当地牧民的生产生活。依仗着人多势众，有些搂发菜的人常常偷杀牧民羊只，盗抢牧民财产，严重威胁了牧民们的正常生产生活。

2003年2月21日，近300名来自宁夏海原县的搂发菜者进入阿拉善左旗木仁高勒苏木图嘎查及贺兰山南寺塔塔沟、布固图等地。这些搂发菜者强行抢走牧民巴图的5只羊，并将巴图的右胳膊打断。同日，阿拉善左旗木仁高勒苏木的另外2户牧民家也遭到了洗劫。据统计，从1987年至2005年底，阿拉善盟共有4 000多（头）只羊和骆驼被搂发菜者偷盗宰杀，100多名牧民群众被殴打致伤，2名牧民遇害。

桑国海是阿拉善左旗嘉尔嘎拉赛汗镇草原监理员。4月6日,当他回忆起执法时受伤的情况时,显得特别激动。桑国海说:“1991年3月15日,我与另外3名同事在清退宁夏同心县80多名搂发菜人员时,与他们发生争执,我们全部被打倒在地上,我当时被打昏迷,一个耳朵里流出血来。住院治疗了2个月后我的一个耳朵还是聋了,殴打我们的凶手逃走了,至今没有抓获。我也成了残疾人。”阿拉善盟草原管理站监理员青松在执法中先后被打过4次,最重的一次是上嘴唇被搂发菜者打穿。

阿拉善盟草原管理站的统计资料显示:从2002年至今,有90多名执法人员在清理搂发菜人员中被殴打致伤或致残。

不仅仅是草原监理人员被殴打致伤或致残,就连参与执法的公安人员也没有逃脱厄运。1996年,在侦破一起牧民被搂发菜者捅伤案件的时候,阿拉善左旗公安局刑警大队原副大队长赵利新一行3名警察遭到了80多名搂发菜人员的围攻,身为负责人的赵利新被殴打严重致残,入院后头上缝了39针,一处肩胛骨被打断,左手臂被打断。右手上至今留下一条长约10厘米的伤疤,两手的小拇指无法合拢。

4月5日,阿拉善左旗草原监理所所长张向柱告诉记者:“刚才,80多名搂发菜者又和我们执法人员打起来了!

**遭遇管理瓶颈**

1990年开始,阿拉善盟草原管理部门便积极与宁夏回族自治区有关部门联系,探索遏制搂发菜活动的有效途径。在双方的共同努力下,阿拉善盟与宁夏回族自治区于1997年联合召开了“制止宁夏农民进入阿拉善草原搂发菜”的专题研讨会。此后,从保护草原的角度出发,宁夏回族自治区发布了禁止农民外出搂发菜、挖甘草的通知。

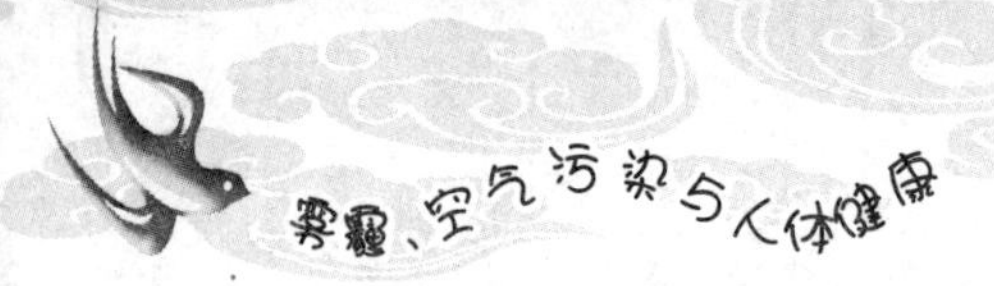


《中华人民共和国草原法》第67条规定：在荒漠、半荒漠和严重退化、沙化、盐碱化、石漠化、水土流失的草原以及生态脆弱区的草原上采挖植物或者从事破坏草原其他活动的，由县级以上地方人民政府、草原行政主管部门依据职权责令停止违法行为，没收非法财物和违法所得，可以并处违法所得1倍以上、5倍以下罚款；没有违法所得的，可以并处5万元以下的罚款；给草原所有者或者使用者造成损失的，依法承担赔偿责任。

但是，这些以经济处罚为杠杆的规定，对于经济条件较差的农民来说形同虚设。来自同心县等地的搂发菜农民告诉记者，他们也知道搂发菜违法，但是由于家庭贫困，多数农民只能靠搂发菜来养家糊口供孩子读书。

“在阿拉善左旗境内贺兰山沿线的750公里长的草原上都有发菜，1999年实施禁牧措施以来，发菜长势良好，一个人一天可以搂到大约0.5公斤发菜，搂上1个月的发菜就可以有4 000元左右的收入，这样的收入对贫困农民无疑有着很强的吸引力。”阿拉善盟草原站站长庄光辉说。

## 记者手记

阿拉善盟地域辽阔，搂发菜者众多而且行动分散，给草原执法工作带来极大困难。目前阿拉善盟的草原监理执法人员不足百名，配备车辆不到10台，面对2.6亿亩的监管面积和每年几万人的外来搂发菜“大军”，难以发挥应有的管理效能，治理工作只能浮在面上。

资料来源：《北方新报》2008-3-28

# 第三章　空气质量标准

以人民群众的健康为基础的空气质量标准是空气质量管理的基石。空气质量标准也反映了一个国家对空气质量的重视程度和环境科学的水平,同时也是减少空气污染物的排放量,并为空气污染进行法律监控的标准与依据。

因此,空气质量标准是广大居民可接受的空气质量基准。一般的定义应该是:空气质量标准是对人体健康的影响预计为零或小得微乎其微的空气污染物质全体标准的集合。

空气质量标准的目的是保护健康的人群,而不是每一个人。因此,极易感个体,例如脆性(非常严重)哮喘患者或那些由于受到非常低浓度的化学品环境影响而致癌的人,即使是在空气质量标准内也可能遭受严重后果。一般情况下,空气质量标准尽力保护敏感个体如普通的哮喘患者,但这其中不包括最敏感的群体。

世界卫生组织要求各国根据世界卫生组织的准则和各自的经济条件来制定自己的标准。因此,国家标准可能强于或弱于相应的世界卫生组织准则。

我国过去大气质量标准用空气污染指数 API(Air Pollution Index)来表示。空气污染指数对应的污染物浓度限值见表 3.1。空气污染指

数范围及相应的空气质量类别见表 3.2。

**表 3.1　空气污染指数对应的污染物浓度限值**

| 空气污染指数 | 污染物浓度 /（毫克 / 立方米） | | | | |
|---|---|---|---|---|---|
| API | 二氧化硫（日均值） | 二氧化氮（日均值） | PM10（日均值） | 一氧化碳（小时均值） | 臭氧（小时均值） |
| 50 | 0.050 | 0.080 | 0.050 | 5 | 0.120 |
| 100 | 0.150 | 0.120 | 0.150 | 10 | 0.200 |
| 200 | 0.800 | 0.280 | 0.350 | 60 | 0.400 |
| 300 | 1.600 | 0.565 | 0.420 | 90 | 0.800 |
| 400 | 2.100 | 0.750 | 0.500 | 120 | 1.000 |
| 500 | 2.620 | 0.940 | 0.600 | 150 | 1.200 |

**表 3.2　空气污染指数范围及相应的空气质量类别**

| 空气污染指数 API | 空气质量状况 | 对健康的影响 | 建议采取的措施 |
|---|---|---|---|
| 0~50 | 优 | 可正常活动 | |
| 51~100 | 良 | | |
| 101~150 | 轻微污染 | 易感人群症状有轻度加剧，健康人群出现刺激症状 | 心脏病和呼吸系统疾病患者应减少体力消耗和户外活动 |
| 151~200 | 轻度污染 | | |
| 201~250 | 中度污染 | 心脏病和肺病患者症状显著加剧，运动耐受力降低，健康人群中普遍出现症状 | 老年人和心脏病、肺病患者应停留在室内，并减少体力活动 |
| 251~300 | 中度重污染 | | |
| >300 | 重污染 | 健康人运动耐受力降低，有明显强烈症状，提前罹患某些疾病 | 老年人和病人应当留在室内，避免体力消耗，一般人群应避免户外活动 |

## 3.1 空气质量指数

为了更好地反映空气污染状况,我国近年推广使用更合理、更科学的指标——空气质量指数(Air Quality Index, AQI)来反映我国的大气污染与空气质量。

空气质量指数是定量描述空气质量状况的指数,其数值越大、级别和类别越高、表征颜色越深,说明空气污染状况越严重,对人体的健康危害也就越大。

由于颗粒物没有小时浓度标准,基于24小时平均浓度计算的AQI相对于空气质量的小时变化会存在一定的滞后性,因此当首要污染物为PM2.5和PM10时,在看AQI的同时还要兼顾其实时浓度数据。

需要说明的是, AQI的计算结果很大程度上取决于相应地区空气质量分指数及对应的污染物项目浓度指数表,最终的计算结果需要参考相应的浓度指数表才具有实际意义。对于中国, AQI与原来发布的空气污染指数(API)有着很大的区别。AQI分级计算参考的标准是GB 3095—2012《环境空气质量标准》(现行),参与评价的污染物为二氧化硫、二氧化氮、PM10、PM2.5、臭氧、一氧化碳等六项,每小时发布一次;而API分级计算参考的标准是GB 3095—1996《环境空气质量标准》(已作废),评价的污染物仅为二氧化硫、二氧化氮和PM10等三项,每天发布一次。因此,AQI采用的标准更严、污染物指标更多、发布频次更高,其评价结果也将更加接近公众的真实感受。

对照各项污染物的分级浓度限值,以细颗粒物(PM2.5)、可吸入颗粒物（PM10）、二氧化硫（$SO_2$）、二氧化氮（$NO_2$）、臭氧（$O_3$）、一氧化碳（CO）等各项污染物的实测浓度值（其中 PM2.5、PM10 为 24 小时平均浓度）分别计算得出空气质量分指数（Individual Air Quality Index，IAQI）。

## 3.2 中国空气质量分指数分级

中国空气质量分指数及对应的污染物项目浓度指数见表 3.3。

**表 3.3　中国空气质量分指数及对应的污染物项目浓度指数表**

| 空气质量分指数 | 污染物项目浓度限制 | | | | | | | | | |
|---|---|---|---|---|---|---|---|---|---|---|
| | 二氧化硫 24 小时平均 /（微克 / 立方米） | 二氧化硫 1 小时平均 /（微克 / 立方米） | 二氧化氮 24 小时平均 /（微克 / 立方米） | 二氧化氮 1 小时平均 /（微克 / 立方米） | 颗粒物（≤ 10 微米）24 小时平均 /（微克 / 立方米） | 一氧化碳 24 小时平均 /（毫克 / 立方米） | 一氧化碳 1 小时平均 /（毫克 / 立方米） | 臭氧 1 小时平均 /（微克 / 立方米） | 臭氧 8 小时滑动平均 /（微克 / 立方米） | 颗粒物（≤ 2.5 微米）24 小时平均 /（微克 / 立方米） |
| 0 | 0 | 0 | 0 | 0 | 0 | 0 | 0 | 0 | 0 | 0 |
| 50 | 50 | 150 | 40 | 100 | 50 | 2 | 5 | 160 | 100 | 35 |
| 100 | 150 | 500 | 80 | 200 | 150 | 4 | 10 | 200 | 160 | 75 |
| 150 | 475 | 650 | 180 | 700 | 250 | 14 | 35 | 300 | 215 | 115 |
| 200 | 800 | 800 | 280 | 1200 | 350 | 24 | 60 | 400 | 265 | 150 |
| 300 | 1600 | （2） | 565 | 2340 | 420 | 36 | 90 | 800 | 800 | 250 |
| 400 | 2100 | （2） | 750 | 3090 | 500 | 48 | 120 | 1000 | （3） | 350 |
| 500 | 2620 | （2） | 940 | 3840 | 600 | 60 | 150 | 1200 | （3） | 500 |

说明：（1）二氧化硫、二氧化氮和一氧化碳的 1 小时平均浓度限值仅用于实时报，在日报中需使用相应污染物的 24 小时平均浓度限值。

（2）二氧化硫1小时平均浓度值高于800微克/立方米的，不再进行其空气质量分指数计算，二氧化硫空气质量分指数按24小时平均浓度计算的分指数报告。

（3）臭氧8小时平均浓度值高于800微克/立方米的，不再进行其空气质量分指数计算，臭氧空气质量分指数按1小时平均浓度计算的分指数报告。

## 3.3 关于环境空气质量指数（AQI）各级别对于人体健康的影响

美国HJ 633—2012《环境空气质量指数（AQI）技术规定（试行）》做出如下规定（表3.4）。

表3.4 环境空气质量指数（AQI）技术规定

| 空气质量指数 | 空气质量指数级别（状况）及表示颜色 | 对健康影响情况 | 建议采取的措施 |
|---|---|---|---|
| 0～50 | 一级（优） | 空气质量令人满意，基本无空气污染 | 各类人群可正常活动 |
| 51～100 | 二级（良） | 空气质量可接受，但某些污染物可能对极少数异常敏感人群健康有较弱影响 | 极少数异常敏感人群应减少户外活动 |
| 101～150 | 三级（轻度污染） | 易感人群症状有轻度加剧，健康人群出现刺激症状 | 儿童、老年人及心脏病、呼吸系统疾病患者应减少长时间、高强度的户外锻炼 |
| 151～200 | 四级（中度污染） | 进一步加剧易感人群症状，可能对健康人群心脏、呼吸系统有影响 | 儿童、老年人及心脏病、呼吸系统疾病患者避免长时间、高强度的户外锻炼，一般人群适量减少户外运动 |

续表

| 空气质量指数 | 空气质量指数级别（状况）及表示颜色 | 对健康影响情况 | 建议采取的措施 |
|---|---|---|---|
| 201～300 | 五级（重度污染） | 心脏病和肺病患者症状显著加剧，运动耐受力降低，健康人群普遍出现症状 | 儿童、老年人及心脏病、肺病患者应停留在室内，停止户外运动，一般人群减少户外运动 |
| >300 | 六级（严重污染） | 健康人群运动耐受力降低，有明显强烈症状，提前出现某些疾病 | 儿童、老年人和病人应停留在室内，避免体力消耗，一般人群避免户外活动 |

# 第四章　空气中的化学污染物

## 4.1 碳氢化合物

碳氢化合物又称为烃。一般分为饱和烃与不饱和烃。饱和烃称为烷，不饱和烃分别称为烯和炔。烃有直链烃和芳香烃。从物质状态来分，烃类化合物有气态、液态和固态三种，碳链短的如甲烷、乙烯等在常温下呈气态；稍长一些的如汽油、煤油等则呈液态；更长的可以呈固态。

碳氢化合物排入大气主要是由于汽车尾气中没有充分燃烧的烃类（如汽油、煤油、柴油等）以及石油化工工业裂解石油时排出废气所致。全世界每年由人为因素排入大气的烃类约 9 000 万吨。随着汽车保有量的增加，汽车排放在人为排放一氧化碳、氮氧化物和碳氢化合物中所占的份额越来越高。据估算，美国交通源排放的一氧化碳、氮氧化物和碳氢化合物已分别占到全国排放总量的 62.6%、38.2%和 34.3%。近年来，在我国主要城市汽车排放污染物所占份额也达到了类似的水平。

烃类成为污染物质，主要是由于它们与光化学氧化剂的产生有关，另外，高分子有机物（如燃料）在 600 ℃左右的温度下燃烧（尤其是不完全燃烧）极易形成各种多环芳香烃类（PAH）。

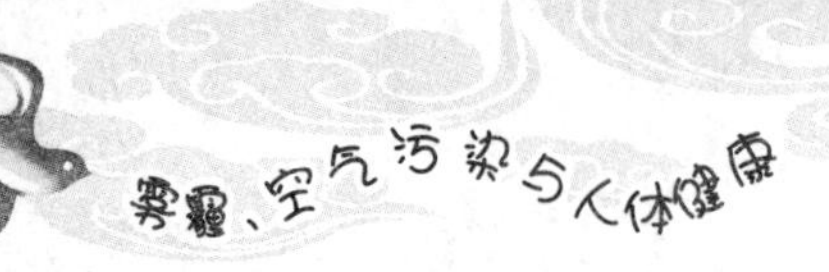


可能产生各种PAH的污染源包括汽机车废气、生活炊烟（油烟、烧烤油炸排烟）、香烟等，它们可能以气态或吸附于粉尘的状态存在于空气污染物中，PAH的立即毒性不大，但它们普遍对肝、肾有伤害，部分对眼睛、皮肤具刺激性。

多环芳烃中有不少是致癌物质，如苯并（a）芘（BAP）就是公认的强致癌物，它是有机物燃烧、分解过程中的产物。

早在1775年，英国发现清扫烟囱的工人多患阴囊癌。1933年有人用荧光分析方法，从煤焦油中成功地分离出苯并（a）芘，许多学者用苯并（a）芘对9种动物采用多种途径给药进行试验，均收到致癌阳性结果。迄今从煤烟和焦油中提取的多环芳烃有苯并（a）蒽、二苯并（a，h）蒽、二苯并（a，e）芘、茚并芘等二十多种。美国科学家分析了一系列有关肺癌的流行病学调查资料，认为大气中苯并（a）芘浓度每增加0.1微克/100立方米，肺癌死亡率就相应升高5%。

## 4.2 光化学烟雾与洛杉矶型烟雾

### 4.2.1 光化学烟雾

由汽车、工厂等污染源排入大气的碳氢化合物和氮氧化物等一次污染物，在阳光的作用下发生化学反应，生成臭氧、醛、酮、酸、过氧乙酰硝酸酯（PAN）等二次污染物，参与光化学反应过程的一次污染物和二次污染物的混合物所形成的烟雾污染现象叫作光化学烟雾。它是一种带刺激性的淡蓝色烟雾，属于大气中二次污染物。

因为光化学烟雾在1946年首次出现在美国洛杉矶,所以又叫洛杉矶型烟雾,以区别于煤烟烟雾(伦敦型烟雾)。

光化学烟雾的成分非常复杂,但是对动物、植物和材料有害的是臭氧、PAN和丙烯醛、甲醛等二次污染物。光化学反应产生的衍生物丙烯醛、甲醛等都对眼睛有刺激作用。当空气中的光化学烟雾超过一定的浓度后会刺激人的眼睛引起红眼病,此外对人的呼吸系统还有损害作用。它刺激鼻、咽、喉、气管和肺部。

植物受到臭氧的损害,开始时表皮褪色,呈蜡质状,经过一段时间后色素发生变化,叶片上出现红褐色斑点。PAN使叶子背面呈银灰色或古铜色,影响植物的生长,降低植物对病虫害的抵抗力。臭氧、PAN等还能造成橡胶制品的老化、脆裂,使染料褪色,并损害油漆涂料、纺织纤维和塑料制品等。

20世纪以来,世界上很多城市都不断发生过光化学烟雾事件。最熟为人知的是美国的洛杉矶光化学烟雾事件。

### 4.2.2 20世纪十大环境公害事件之一——美国洛杉矶光化学烟雾事件

1943年7月26日清晨,当美国洛杉矶的居民从睡梦中醒来,眼前的景象让他们以为受到了日本人化学武器的攻击:空气中弥漫着浅蓝色的浓雾,走在路上的人们闻到了刺鼻的气味,很多人把汽车停在路旁擦拭不断流泪的眼睛。政府很快出来辟谣,称这不是日本人的毒气,而是大气中生成了某种不明的有毒物质。

这是洛杉矶有史以来第一次遭受到雾霾的攻击,这里的居民们以

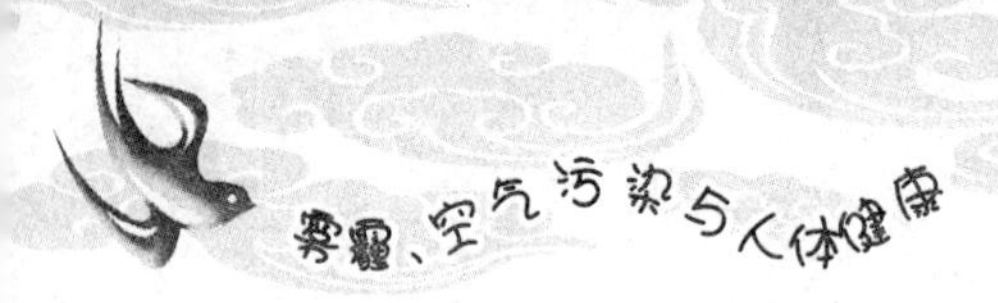


为这只是偶然的天气现象,他们不知道他们面对的将是一场长达半个世纪的雾霾战争。

在1943年那次突如其来的雾霾之后,情况变得越来越糟,出现雾霾的天数越来越多,居民中开始出现恐慌。洛杉矶市长弗彻·布朗信誓旦旦地宣称四个月内一定永久消除雾霾。很快政府关闭了市内一家化工厂,他们认定化工厂排出的丁二烯是污染源。但之后雾霾并没有缓解,此后政府又宣布全市30万个焚烧炉是罪魁祸首,居民们被禁止在后院使用焚烧炉焚烧垃圾。可是这些措施出台后雾霾没有减少,反而越来越频繁了。政府立刻失语了。在那些雾霾严重的日子里,学校停课、工厂停工,人们涌向医院接受治疗。医生们普遍怀疑雾霾是这些疾病的根源。

普通市民怨声载道,却也无能为力。而身处洛杉矶的好莱坞明星们用另一种方式表达自己的不满。当时一个演员想出了一个“雾霾罐头”的点子,并设计了一段广告词:“这个罐头里装着好莱坞影星们使用的有毒空气。你有敌人吗?有的话省下买刀的钱,把这个罐头送给他吧——众多好莱坞影星力荐。”这种罐头标价35美分,在游客众多的商店里出售。

最先站出来的是洛杉矶当地最大的媒体《洛杉矶时报》,他们雇用了一个空气污染专家就雾霾展开调查,专家得出的结论是空气中的大部分污染物来自汽车尾气中没有燃烧完全的汽油,只有一小部分来自工厂的废气以及焚烧炉。这一结论很快受到了反驳。美国最大的汽车制造商福特公司的工程师宣称汽车尾气会立刻消散在大气中,不可能制造雾霾。可他们没有想到一名住在洛杉矶的科学家通过试验揭示了真相。

加州理工学院的荷兰科学家阿里·哈根斯米特通过分析空气中的

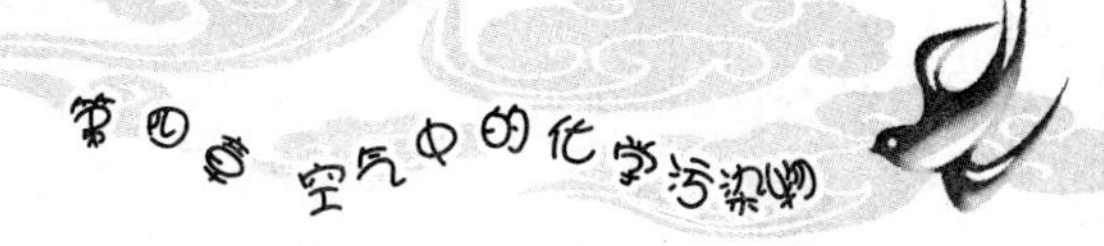


成分发现,雾霾的罪魁祸首实际上是汽车尾气。汽车尾气中的碳氢化合物和二氧化氮被排放到大气中后,在阳光照射下,发生光化学反应,产生含剧毒的光化学烟雾。

洛杉矶在20世纪70年代时汽车就有400多万辆。市内高速公路纵横交错,占全市面积的30%,每条公路通行的汽车每天达16.8万次。由于汽车漏油、汽油挥发、不完全燃烧和汽车排气,排出1 000多吨碳氢化合物, 300多吨氮氧化物, 700多吨一氧化碳和大量铅烟(当时所用汽车为含四乙基铅的汽油)。另外,还有炼油厂、供油站等其他石油燃烧排放,这些排放物在阳光的作用下,特别是在5月份至10月份的夏季和早秋季节的强烈阳光作用下,发生光化学反应,生成淡蓝色光化学烟雾。这种烟雾中含有臭氧、氧化氮、乙醛和其他氧化剂,滞留市区久久不散。

从地形和气象学条件来说,洛杉矶烟雾的形成也有特殊原因。

从地形来说,洛杉矶地处太平洋沿岸的一个口袋形地带之中,只有西面临海,其他三面环山,形成一个直径约50千米的盆地,空气在水平方向流动缓慢。另一个因素是洛杉矶上空强大的持久性的逆温层。每年约有300天从西海岸到夏威夷群岛的北太平洋上空出现逆温层,它们犹如帽子一样封盖了地面的空气,并使大气污染物不能上升到越过山脉的高度,于是便形成了洛杉矶的光化学烟雾。在这种特殊的气象条件下,烟雾扩散不开,停留在市内,毒化空气形成污染。在一天里,由上午9至10点开始形成烟雾,一氧化氮浓度增加;到下午2点左右,臭氧浓度达到高峰,氧化氮浓度减少;然后随太阳西下,烟雾也逐渐消失,这些现象是光化学烟雾在环境中的典型特点。

1943年以来,每年5月至10月期间经常出现烟雾几天不散的严

重污染。前后经过七八年,到20世纪50年代,人们才发现洛杉矶烟雾是由汽车排放物造成的。1955年9月,由于大气污染和高温,使烟雾的浓度大大攀升。在1952年12月的一次光化学烟雾事件中,洛杉矶市65岁以上的老人死亡400多人。直到20世纪70年代,洛杉矶市还被称为"美国的烟雾城"。

在两天里,65岁以上的老人死亡四百多人,为平时的三倍多。许多人眼睛痛、头痛、呼吸困难。

从20世纪50年代开始,洛杉矶当地政府每天向居民发出光化学烟雾预报和警报。光化学烟雾中的氧化剂以臭氧为主,所以常以臭氧浓度高低作为警报的依据。1955至1970年,洛杉矶曾发出臭氧浓度的一级警报80次,每年平均5次,其中1970年高达9次。1979年9月17日,洛杉矶大气保护局发出了"烟雾紧急通告第二号",当时空气中臭氧含量几乎达到了"危险点"。洛杉矶已经失去了它美丽舒适的环境,有了"美国的烟雾城"的称号。

### 4.2.3 光化学烟雾形成的化学机理

光化学烟雾中的氮氧化物主要是指一氧化氮和二氧化氮。一氧化氮和二氧化氮都是对人体有害的气体。大气中的烃和氮氧化物等为一次污染物,在紫外线照射下发生化学反应,衍生种种二次污染物。光化学烟雾就是由一次污染物和二次污染物的混合物(气体和颗粒物)所形成的烟雾污染现象,然而氮氧化物是这种烟雾的主要成分。

光化学烟雾形成的化学过程如下。

光化学烟雾是一个链式反应,其中关键性的反应可以简单地分成以下3组。

① $NO_2$ 的光解导致 $O_3$ 的生成。链引发反应主要是 $NO_2$ 的光解，反应如下：

$$NO_2 + h\nu \rightarrow NO + O$$

$$O + O_2 + M \rightarrow O_3 + M$$

$$NO + O_3 \rightarrow NO_2 + O_2$$

②碳氢化合物被HO、O等自由基和臭氧氧化，导致醛、酮、醇、酸等产物以及重要的中间产物 $RO_2$、$HO_2$、RCO等自由基的生成。

在光化学反应中，自由基反应占很重要的地位，自由基的引发反应主要是由 $NO_2$ 和醛光解引起的，反应如下：

$$NO_2 + h\nu \rightarrow NO + O$$

$$RCHO + h\nu \rightarrow RCO + H$$

碳氢化合物的存在是自由基转化和增殖的根本原因，反应如下：

$$RH + O \rightarrow R + HO$$

$$RH + HO \rightarrow R + H_2O$$

$$H + O_2 \rightarrow HO_2$$

$$R + O_2 \rightarrow RO_2$$

$$RCO + O_2 \rightarrow [RC(O)O_2]$$

其中：R——烷基；

$RO_2$——过氧烷基；

RCO——酰基；

$[RC(O)O_2]$——过氧酰基。

③过氧自由基引起NO向 $NO_2$ 的转化，并导致 $O_3$ 和PAN等的生成，反应如下：

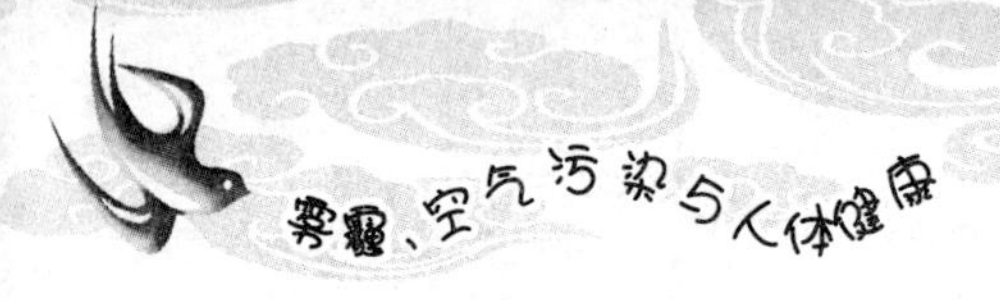


$$NO + HO_2 \rightarrow NO_2 + HO$$

$$NO + RO_2 \rightarrow NO_2 + RO$$

$$RO + O_2 \rightarrow HO_2 + RCHO$$

$$NO + RC(O)O_2 \rightarrow NO_2 + RC(O)O$$

$$RC(O)O \rightarrow R + CO_2$$

其中：RO——烷氧基；

RCHO——醛。

### 4.2.4 光化学烟雾的产生原因与治理

对于洛杉矶烟雾产生的原因，并不是很快就搞清楚了的。开始认为是空气中的二氧化硫导致洛杉矶的居民患病。但在减少各工业部门（包括石油精炼）的二氧化硫排放量后，并未收到预期的效果。后来发现，汽车、工厂等污染源排入大气的碳氢化合物和氮氧化物等一次污染物，在阳光的作用下发生化学反应，生成臭氧、醛、酮、酸、过氧乙酰硝酸酯等二次污染物，参与光化学反应过程的一次污染物和二次污染物的混合物形成了光化学烟雾。

但是，由于没有弄清大气中碳氢化合物究竟从何而来，尽管当地烟雾控制部门立即采取措施，防止石油提炼厂储油罐石油挥发物的挥发，然而仍未获得预期效果。最后，经进一步探索，才认识到当时的400多万辆各种型号的汽车，每天消耗1 600万升汽油，排出1 000多吨碳氢化合物，300多吨氮氧化物，700多吨一氧化碳和大量铅烟（当时汽车所用汽油为含四乙基铅的汽油），这些碳氢化合物在阳光作用下，与空气中其他成分发生化学反应而产生一种新型的强刺激性的光化学烟

雾。这才真正搞清楚了产生洛杉矶烟雾的原因。

此后,日本一些大城市连续不断出现光化学烟雾。日本环保部门经过对东京几个主要污染源排放的主要污染物进行调查后发现,汽车排放的一氧化碳、氮氧化物、碳氢化合物三种污染物约占总排放量的80%。

洛杉矶光化学污染事件是美国环境管理的转折点,其不仅催生了著名的《清洁空气法》,也起到了环境管理的带头示范作用。在洛杉矶,环境管理措施的核心包括以下几个方面:

①设立空气质量管理区,加大区域环境管理部门的自主权,以期环境政策能够以最有效的方式落实;

②设立排放许可证制度,严格控制排放源;

③为交通污染源(从内燃机、汽油到排放)设立了严格的环境标准;

④开放环境交易市场,将市场化手段引入环境减排中。

经过近 40 年的治理,尽管洛杉矶的人口增长了 3 倍、机动车增长了 4 倍多,但该地区发布健康警告的天数却从 1977 年的 184 天下降到了 2004 年的 4 天。

我国由于汽车油耗量高,燃烧效率低,相关的控制污染条例不健全,已造成汽车污染日益严重。许多大城市,尤其是机动车保有量在 100 万辆以上的大城市或特大城市,如北京、广州、上海、天津等,许多交通干道的氮氧化物和一氧化碳排放严重超过国家标准,汽车尾气已成为主要的空气污染物,一些城市臭氧浓度严重超标,已经具备发生光化学烟雾污染的条件,并且在秋冬季与煤烟型烟雾叠加产生严重污染。

光化学烟雾的形成及其浓度,除直接取决于汽车排气中污染物的数量和浓度以外,还受太阳辐射强度、气象以及地理等条件的影响。太阳辐射强度是一个主要条件,太阳辐射的强弱,主要取决于太阳的高度,即太阳辐射线与地面所成的投射角以及大气透明度等。因此,光化学烟雾的浓度,除受太阳辐射强度的日变化影响外,还受该地的纬度、海拔高度、季节、天气和大气污染状况等条件的影响。光化学烟雾是一种循环过程,白天生成,傍晚消失。在发生光化学烟雾时,大气中各种污染物的浓度比晴朗天气要增大五六倍,能见度晴天为 11.2 千米,而烟雾天只有 1.6 千米。经过研究表明,在北纬 60 度到南纬 60 度之间的一些大城市,都可能发生光化学烟雾。光化学烟雾主要发生在阳光强烈的夏、秋季节。城市和城郊的光化学氧化剂浓度通常高于乡村,但近年来发现许多乡村地区光化学氧化剂的浓度增高,有时甚至超过城市。这是因为光化学氧化剂的生成不仅包括光化学氧化过程,而且还包括一次污染物的扩散输送过程,是两个过程作用的结果。因此,光化学氧化剂的污染不只是城市的问题,而且是区域性的问题。短距离运输可造成臭氧的最大浓度出现在污染源的下风向。因此,光化学烟雾可随气流飘移数百千米,使远离城市的农村庄稼也受到损害。

## 4.3 氮氧化物

大气中作为污染物的氮氧化物主要是一氧化氮和二氧化氮两种,它们一般通过含氮的有机化合物燃烧时生成或者在高温下由空气中的氮直接被氧化生成。

氮氧化物主要来源于火力发电站、硝酸工厂、汽车尾气,在人口集

中的大城市空气中含量较高。汽车和摩托车排放的废气中就有氮氧化物,在城市的大气中可形成黄色的烟雾。

氮氧化物难溶于水,对眼睛及黏膜刺激作用较小,大量吸入呼吸道也不易被人察觉。但空气中含量高时,对鼻腔和咽喉会产生刺激,并引发咳嗽,时间长会使人感到胸部紧缩、呼吸困难、失眠,严重时会出现肺水肿、呼吸困难加剧、出现昏迷甚至死亡。氮氧化物还能引起哮喘病,并能破坏肺细胞,有人认为它是肺气肿和肺癌的一种病因。

氮氧化物浓度达 $100\times10^{-6}$~$150\times10^{-6}$ 时,吸入 50~60 分钟即有生命危险,浓度达到 $200\times10^{-6}$~$700\times10^{-6}$ 时,较短时间的吸入即可死亡。

氮氧化物排放量的剧增使我国城市大气中的氮氧化物污染程度加重。1997 年在全国 357 个城市中,氮氧化物浓度年均值范围为 0.001~0.140 毫克 / 立方米,年均最大值出现在广州市,其中 291 个城市氮氧化物浓度年均值达到国家二级标准(0.05 毫克 / 立方米),占到 81.5%, 66 个城市超二级标准,占 18.5%。1998 年全国 311 个城市中,氮氧化物浓度年均值范围为 0.006~0.152 毫克 / 立方米,年均最大值出现在北京市,其中 252 个城市氮氧化物浓度年均值达到国家二级标准(0.05 毫克 / 立方米),占到 81.0%, 59 个城市超二级标准,占 19.0%。1997 至 1998 年,氮氧化物浓度年均值超过国家三级标准(0.10 毫克 / 立方米)的城市有北京、广州和上海三市。近年来,尤其是北京、天津、上海、石家庄等少数特大城市的污染有加重趋势。

# 4.4 二氧化硫

二氧化硫是一种窒息性气体，具有腐蚀作用，能刺激眼结膜和鼻咽等部位的黏膜。在潮湿的环境下，二氧化硫与水结合形成亚硫酸，在大气中与氧作用形成硫酸，对人体的刺激作用更强。当空气中二氧化硫的浓度达到 $0.3\times10^{-6}$~$1\times10^{-6}$ 时，即可嗅出，达到 $6\times10^{-6}$~$12\times10^{-6}$ 时就可对黏膜产生强烈的刺激作用。燃烧化石燃料生成的二氧化硫和氮氧化物是形成酸雨的主要原因。

因二氧化硫易溶于水，所以被上呼吸道和支气管黏膜吸收易产生明显的炎症。吸入高浓度的二氧化硫可引起气管炎和肺水肿，当二氧化硫的浓度达到 $400\times10^{-6}$~$500\times10^{-6}$ 时即可危及生命。个别敏感的人吸入浓度为 $1\times10^{-6}$ 的二氧化硫即可发生呼吸道阻力增高。二氧化硫对神经末梢也能产生危害，严重时对中枢神经系统也会产生毒害。

长期吸入低浓度的二氧化硫可引起慢性支气管炎、慢性鼻炎等疾病。二氧化硫与空气中的粉尘结合，会发生协同作用，增强毒性。据报道，二氧化硫可与血液中的维生素 B1 结合而影响体内的新陈代谢活动，二氧化硫还能抑制或破坏某些酶的活性而造成代谢紊乱。

我国自 1980 年后二氧化硫的排放量一直处在一个高水平上。进入 21 世纪，我国能源消费总量持续增长，“十五”期间全国二氧化硫产生量增加 360 万吨，其中两控区（即酸雨控制区和二氧化硫污染控制区）涉及 27 个省、自治区、直辖市；两控区面积达 109 万平方公里，占国土总面积的 11.4%，其中酸雨控制区 80 万平方公里，占国土面积的

8.3%,二氧化硫污染控制区29万平方公里,占国土面积的3%。二氧化硫产生量增加了200多万吨。

## 4.5 一氧化碳

一氧化碳是比较常见的物质,是所有大气污染物中散布最广的一种。在煤、石油燃料的燃烧中,氧气不充足时就会生成一氧化碳。由于它是一种无色无味的气体,不易被人察觉,因此煤气中毒的事件也时有发生。

一氧化碳主要来源于汽车废气、焦煤煤气和高炉煤气。在环境中,作为大气污染物的一氧化碳有80%是由汽车排出的。汽油在汽车发动机中燃烧时生成大量的一氧化碳。空挡行驶时废气中的一氧化碳的占比高达12%,常速行驶时排出的一氧化碳为空挡行驶的1/4。城市空气中的一氧化碳含量往往与交通量成正比。

一氧化碳在大气中一般可存在2到3年。一氧化碳是一种对血液、神经有毒害的有毒气体。它随空气进入人体后,经过肺泡进入血液循环,与血液中的血红蛋白和血液外的肌红蛋白结合。一氧化碳与血液中血红蛋白结合力比氧与血红蛋白的结合力大200~300倍。一氧化碳与血红蛋白结合后产生碳氧血红蛋白,不仅降低了血液的输氧能力,而且抑制和减缓氧和血红蛋白的解析与氧的释放。因此当空气中的一氧化碳浓度增高时,心肌梗塞发病率也会随之增高,甚至导致死亡。

一氧化碳的浓度在$100\times10^{-6}$时即可产生危害,中毒程度主要取决于一氧化碳的浓度和接触时间,接触者血液中碳氧血红蛋白的含量与空气

中一氧化碳浓度成正比，中毒症状取决于血液中碳氧血红蛋白的含量。

## 4.6 卤素化合物

在卤素化合物中氟（F）与氟化氢（HF）、氯气（$Cl_2$）与氯化氢（HCl）等是主要污染大气的物质，它们都有较强刺激性、很大的毒性和腐蚀性，氟化氢甚至可以腐蚀玻璃。卤素化合物一般是在工业生产中排放出来的。如氯碱厂液氯生产排出的废气中，就含有浓度为20%~50%的氯气；又如提取金属钛时排出的废气中也含有浓度为12%~35%的氯气。氯气在潮湿的大气中，容易形成溶胶状的盐酸雾粒子，这种酸雾有较强的腐蚀性。冶金工业中电解铝和炼钢、化学工业中生产磷肥和含氟塑料时都要排放出大量的氟化氢和其他氟化物。这些化合物，大都毒性很大。人类在工业生产中和生活中大量使用氟氯烃，逃逸的氟氯烃气体正在破坏我们赖以生存的臭氧层。

以气态与颗粒态形式存在的无机氟化物主要来源于含氟产品的生产过程以及磷肥厂、钢铁厂、冶铝厂等。氟化物对眼睛及呼吸器官有强烈刺激，吸入高浓度的氟化物气体时，可引起肺水肿和支气管炎。长期吸入低浓度的氟化物气体会引起慢性中毒和氟骨症，使骨骼中的钙质减少，导致骨质硬化和骨质疏松。

# 第五章　室内空气污染及挥发性有机污染物(VOCs)

## 5.1 从病态楼宇综合征谈起

### 5.1.1　病态楼宇综合征(Sick Building Syndrome)

早在1983年,世界卫生组织(WHO)就命名了一种新的疾病:病态楼宇综合征(Sick Building Syndrome)。该病指的是长期在室内工作的人所出现的头痛、头晕、眼睛刺激、咽喉干痒、过敏、胸闷、烦躁、注意力难以集中等一系列身体不适的症状。实际上,每一个长期在室内工作的人几乎都会有这样的感觉,只是我们通常都认为这是室内新风量不足引起缺氧所造成的。但是事实并非如此,对于一座现代化的大楼来说,其新风量供应都经过严格的科学计算并留有足够的余量,如无特殊原因是不可能造成新风量不足的。因此,真正引发这些症状的罪魁祸首不是新风量不足,而是室内空气的质量。

## 5.1.2 无处逃离的室内空气污染

在本书第一章和第二章里，我们心情沉重地讨论了我国严重的雾霾与 PM2.5 污染。进入 21 世纪以来，受雾霾困扰的华北地区、中原和长三角地区，在秋冬季连续的难以呼吸的雾霾天，使每个人对室外空气污染格外关注，室内也成为了许多人逃离空气污染的最后选择。

我们大多数人通常要在住房、医院、办公楼、教学楼、购物中心和厂房等室内环境中度过 75%~90% 或更多的时间。建筑物在现代社会中都是为了给人们提供一个适合自己，在物质上、生理上理想的环境。在现代人的观念里，空气污染物大都来自于不同类型的工业活动、交通、一般燃烧等的排放，而产生污染问题仅发生在户外的空间。与室外污染相比，室内环境一般被认为是远离污染物的港湾，因此医生和专家都建议人们多待在室内，尤其是那些有很大可能性患呼吸道疾病和心血管疾病的人。

然而建筑物和室内环境的空气污染真的小于室外么?

随着人类文明的发展以及社会结构、生活习性的改变，室内的空气污染问题也逐渐浮现。据世界卫生组织估计，在全球的发展中国家中，至少有超过 30 亿的人口（相当于全球人口的 1/2）处于室内空气污染中，而世界银行在 1992 年也将发展中国家的室内空气污染列为全球四大环境问题之一。

室内空气污染在其本质或形态上有别于传统观念中的大气污染。例如一般人会重视垃圾焚烧炉所排放的二噁英与汞是否对附近居民的健康造成危害，但却容易忽略在室内因煮食食物所产生的油烟是使妇

女罹患肺癌的主因之一。而在室内的封闭或半封闭空间中,污染物被稀释的作用相当有限,且在短时间内的暴露量也可能较高。再者,室内空气污染的来源与污染物的种类也相对较多及复杂,有些也不易控制。

室内环境污染已经引起了 35.7% 的呼吸道疾病，22% 的慢性肺病和 15% 的气管炎、支气管炎和肺癌。特别是居室装饰使用含有有害物质的材料会加剧室内的污染程度,这些污染对儿童和妇女的影响更大,其污染程度远远超出世界卫生组织的估计。由于在室内所停留时间的增加,暴露量也相对较高,而有时停留时间较长者往往是较易受污染物影响的族群,例如老年人、慢性病患者或幼童等弱势人群。

国际有关组织调查后发现,世界上 30% 的新建和重建的建筑物中,存在着对身体健康有害的室内空气,室内空气污染已经成为对公众健康危害最大的五种环境因素之一。另外,由于一些写字楼、居民楼为了减少室外空气污染物的侵入和提高空调效能,在建筑中采取密闭式的结构,忽略了通风系统,使得污染物进入室内后很难排出,甚至还可能造成累积,更加重了其中的重复污染。

室内空气污染与时间和浓度有关,因此当大气(室外)空气质量因为相关环境管理措施的实施而逐渐改善时,室内空气质量的好坏与否也逐渐成为影响现代人健康的重要因素之一。

一般来讲,室内空气污染物主要来源于以下几个方面。

1. 建筑装饰造成的污染

在房屋装修、装饰过程中,往往散发出大量各种挥发性有机污染物气体,这些气体在室内空气中浓度很高,对人体危害极大,尤其值得我们关注。

随着经济和科技发展,材料合成取得巨大成就,且为建筑材料、室

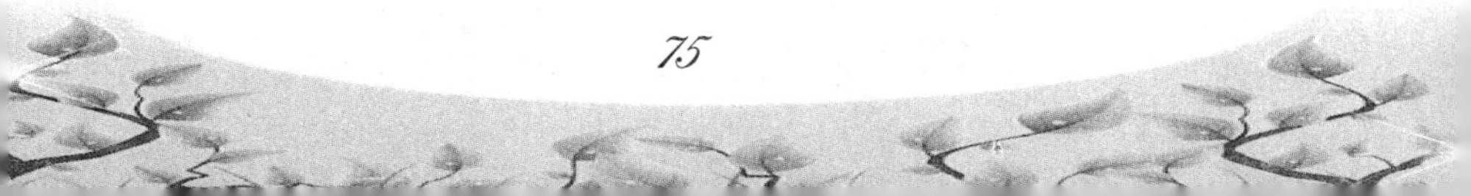

内装修材料作出贡献。现代人们越来越喜欢用人工合成的建筑、装修材料,因为这些材料美观实用。然而,人们却忽略了这些材料的潜在危害。

如防火或隔音保温材料中的石棉和室内装饰材料（板材、油漆、涂料、石材、水泥等）,经过自然分解释放到空气中,产生了浓度极高的甲醛、苯、氨、氡等有毒有害物质。尽管人们开始意识到问题的严重性,但极少采取适当措施。据蔡卫权等人介绍,新装修房间内有机污染物浓度会高于室外,甚至高于工业区。

2. 室内燃烧

室内各种燃料燃烧、烹调油烟及吸烟产生了大量的一氧化碳、二氧化氮、二氧化硫、甲醛、多环芳烃和细微颗粒。有研究表明,喜欢高温煎炒烹炸地区的家庭主妇,其肺癌发病率明显高于其他人群。

3. 现代化设施的污染

室内淋浴和加湿空气产生的卤代烃,电脑、电视、打印机、传真机等家用电器和某些办公设备导致的电磁辐射等会产生物理污染。

4. 化学品使用产生的挥发性有机污染物

人们在室内使用的杀虫剂、清洁剂、涂改液、化妆品等会产生刺激人的眼、鼻及神经系统的一氧化碳、二氯甲烷苯、甲苯等污染物质。

5. 室内微生物及病原微生物污染

室内人员通过呼吸、汗液排出的氨类化合物、硫化氢等污染物,通过咳嗽、打喷嚏等喷出的流感病毒、结核杆菌和链球杆菌等生物污染物,也是室内污染的主要形式。近20年来由于中央空调系统的广泛推广和家用空调的普及,使得室内微生物及病原微生物污染问题日趋严重。

在空气不流通的房间内,空气中的病毒、细菌可随飞沫飘浮30余

小时。而楼中的中央空调系统因缺乏维修与清理,也会致使室内悬浮物增多。

## 5.2 挥发性有机污染物

### 5.2.1 挥发性有机污染物

挥发性有机污染物是一类重要的空气污染物,普遍存在于所有的城市和工业中心上空,尤其是室内空气中。存在于大气中的有机污染物来源于人类活动,主要来源于机动车尾气、汽油蒸发、溶剂的使用、工业生产、石油精炼、汽油储藏、垃圾填埋、食品加工和农业。自然的生物过程也使周围的有机物含量上升,包括来自动植物、森林火灾和沼泽地的厌氧过程。

挥发性有机污染物对于环境的危害近几年才逐步被人类认识。其重要作用有以下几点。

①有毒或致癌物质对人类健康的影响。

②同温层臭氧被消耗。

③地球表面光化学臭氧形成。

④增强温室效应。

⑤在环境中积聚和持续。

### 5.2.2 挥发性有机污染物与室内空气污染

室内空气有可能被大量的产生于不同地方的挥发性有机污染物污

染，这些来源可以是长期持续的散发，也可以是短期的不连续的散发。室内空气污染主要是由挥发性有机污染物引起的，而挥发性有机污染物由于在相对密闭的室内环境更难以通过对流等方式稀释、扩散，对人体的危害更加严重。所以我们把挥发性有机污染物和室内空气污染放在一起讨论。

在日常生活或作业场所也就是室内环境中，常使用各种溶剂，长期吸入这些溶剂往往引起严重的职业病或者其他危害。例如苯、甲苯、二甲苯、醇类、酮类、氯系溶剂（如氯仿、四氯化碳、三氯乙烯、四氯乙烯等），这些溶剂多半具有易挥发、易燃的特性，也多能刺激眼睛、皮肤等黏膜组织和呼吸道、肺部的组织，高浓度或长期暴露都可伤害肝、肾等器官和中枢神经系统，对人类健康的威胁尤其重大。

这些有机物有的通过气味影响人类感官，有的有麻醉作用，某些还有毒。更让人关注的是某些有机物能引发癌症。空气中的毒物质经常指那些大气中的有机物，其被怀疑具有潜在的诱导癌症的作用。空气中的毒物质的控制是一项国际活动。最重要的并且广泛分布的空气中的毒物质包括以下几种。

①苯和1,3丁二烯。

②甲醛。

③稠环芳香烃。

④联苯化合物。

⑤二氧芑和呋喃。

### 5.2.3 挥发性有机污染物的危害

许多挥发性有机污染物都有刺激性的气味。感官系统对刺激性物质的反应主要在皮肤表面或者其附近,这些系统包括眼睛、鼻子、喉、面部皮肤和其他一些皮肤。在有刺激性物质的刺激下,这些系统不会立即作出反应,而是当刺激有一定的积累效应以后才能作出反应。其影响是多方面的,包括结膜炎、打喷嚏、咳嗽、疲倦、声音嘶哑、眼干、眼涩、瓦凯氏病或皮肤水肿、呼吸形态改变。一些气味可以导致一系列的负作用,如呕吐等,引起超敏性反应,并且改变呼吸形态。钱伯斯的研究表明,在混合的挥发性有机污染物和化学污染对人的影响中,温度也被证实参与其中。

挥发性有机污染物所引起的身体中毒包括血液中毒、神经性中毒、肝中毒、肾中毒和黏膜损伤。苯造成贫血症和血红细胞增多症,人体暴露于二氯甲烷时会生成碳氧血红蛋白。二氯甲烷、甲苯、苯乙烯和三氯乙烯都能引起神经性中毒。苯乙烯会刺激黏膜,卫生球也会产生同样的效果。当暴露在毒性物质中时,在相当长的一段时间内它们都会表现出生殖毒性和致癌性。五种室内常见且占主导地位,同时也有致畸性或致癌性的化合物包括:苯;四氯化碳;氯仿;1,2-二氯乙烷和三氯乙烯。

## 5.3 室内挥发性有机污染物

室内挥发性有机污染物有可能来自室外空气,也有可能来自室内

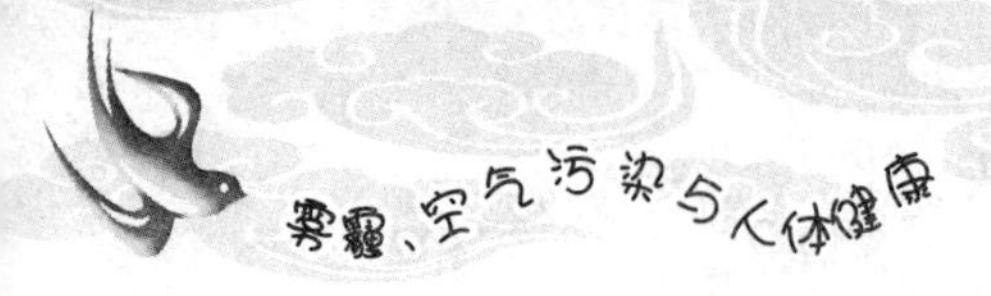


的一些物品。通过比较室内和室外空气浓度的不同,可以得出室内任何一种确定的化合物的浓度是由室外空气污染物决定的还是由来自于室内的污染物决定的。

持续的挥发性有机污染物污染根据来源可以分成三类。

①室外空气(空气、泥土和水源)。

②人们的行为(身体的体味,能量的产生,吸烟,烹调,家务活动和业余爱好的产物)。

③原料和设备(建筑和革新的原料,家具,采暖通风与空调系统)。

最重要的来源被认为是原料和设备,包括黏合剂、填充剂、地板和地板密封剂、家具、采暖通风与空调系统、绝缘材料、漆器、办公器具、颜料、碎木板和墙面覆盖物。

小知识

**被忽视的厨房污染**

在厨房烹调中我们使用不同类型的燃料用于不同的用途,主要包括取暖与煮食。大部分人的厨房燃烧的传统化石燃料(煤炭、煤气、液化石油气)会释放出氮氧化物、二氧化碳、一氧化碳、二氧化硫等有害气体,国内即经常发生因使用装置于室内的煤气热水器而造成一氧化碳中毒而死亡的事件。而使用煤炭、柴草则通常造成较不完全的燃烧,并同时伴随着高浓度的悬浮微粒物质、碳氢化合物、一氧化碳、氮氧化物等物质的产生,而造成的危害也较传统燃料为高。

尤其是我国居民喜欢煎炒烹炸,厨房污染格外严重。一般食

物经炸、煎、煮、炒、烧烤等料理过程会产生油烟。不同烹饪方式会产生不同类型的油烟,而所含的有害物质种类亦不同。烧烤与油炸煎所产生的烟雾通常含有高浓度的悬浮微粒物质、一氧化碳、碳氢化合物、氮氧化物等,而温度、食物与用油种类、使用器具等因素会产生不同的危害性。我们可从油烟中分离出50种以上芳香烃物质以及具突变性与致癌性的多环胺类。由于通风效果的良好与否决定了料理过程所造成危害的程度,因此我们建议采取适当的抽风装置或个人的防护器具(如口罩)以将油烟的危害性降至最低。

典型的室内空气污染源与代表性污染物见表5.1。室内挥发性有机污染物的具体来源见表5.2。

**表5.1 典型的室内空气污染源与代表性污染物**

| 污染物 | 可能污染源 | 毒害 | 标准 |
|---|---|---|---|
| 一氧化碳 | 不完全燃烧产物、吸烟、瓦斯炉、热水器 | 窒息,神经影响,对呼吸、行为、血液有影响 | TWA:$35\times10^{-6}$<br>AQI(8小时平均):$9\times10^{-6}$<br>WHO(8小时平均):10 000毫克/立方米 |
| 二氧化碳 | 有机物燃烧产物、生物代谢物、吸烟、瓦斯炉、热水器 | 窒息,神经影响,对呼吸、行为、血液有影响 | TWA:$5\,000\times10^{-6}$ |
| 二氧化氮 | 燃烧产物、吸烟、瓦斯炉、热水器 | 强刺激性、呼吸系统伤害 | AQI(年平均):$0.05\times10^{-6}$<br>WHO(年平均):40微克/立方米 |
| 臭氧 | 室外光化学产物、复印机、激光打印机 | 强刺激性、呼吸系统伤害 | AQI(年平均):$0.06\times10^{-6}$<br>WHO(8小时平均):120微克/立方米 |

续表

| 污染物 | 可能污染源 | 毒害 | 标　　准 |
| --- | --- | --- | --- |
| 甲醛 | 油漆、胶合板黏合剂、吸烟 | 强刺激性、致癌性 | WHO（30 分钟平均）：100 微克/立方米 |
| 氨气 | 清洁剂 | 呼吸道刺激 | TWA：$50\times10^{-6}$ |
| 多环芳香烃 | 化石燃料燃烧产物、吸烟、食物熏烤 | 致癌性 | |
| 铅 | 油漆剥落分解、含铅汽油燃烧 | 神经毒性、生殖毒性、发育毒性、血液毒性 | TWA：0.1 毫克/立方米<br>AQI（月平均）：1.0 微克/立方米<br>WHO（年平均）：0.5 微克/立方米 |
| 挥发性有机物：苯、甲苯、二甲苯、酚类、丙酮等 | 溶剂、油漆、黏合剂、芳香剂、吸烟、塑料、 | 因化合物种类而异、致癌性、呼吸道刺激、神经毒性、肝毒性 | 甲苯 WHO（30 分钟平均）：1 000 微克/立方米<br>二甲苯 WHO（30 分钟平均）：4 400 微克/立方米 |
| 悬浮微粒物质 | 发胶、油烟、杀虫剂、吸烟 | 呼吸道与肺部刺激、致癌性 | AQI（PM10 年平均）：130 微克/立方米 |
| 石棉 | 含石棉的建材、隔热物 | 致癌性、石棉肺、呼吸道刺激 | TWA：1 根 / 立方厘米 |
| 氡气 | 镭辐射衰变产物、土壤与地下水中的渗入 | 致癌性 | 美国环保局行动值：4 皮居里 / 升 |
| 吸烟（或环境香烟烟气 ETS） | 烟草燃烧 | 致癌性、刺激性、突变性、神经毒性、发育毒性、畸胎性、生殖毒性 | |

AQI：国内空气质量标准；WHO：WHO 的空气质量建议值；TWA：我国台湾劳工作业环境的容许浓度标准，以“时量平均浓度”（time-weighted average）表示。

## 表 5.2 室内挥发性有机污染物的具体来源

| 编号 | 来源 | 化合物 | 浓度 |
| --- | --- | --- | --- |
| 1 | 地毯的黏合剂 | 甲苯 | 最初有 30 毫克 / 立方米<br>四个月以后衰减到 0.1 毫克 / 立方米 |
| 2 | 复合地板 | 苯酚 | 13~16 微克 / 立方米 |
| 3 | 乙烯基地板 | 芬芳类的烷基，包括十二烷基 | 100~200 微克 / 立方米 |
| 4 | 乙烯基地板 | TXIB* | 100~1 000 微克 / 立方米 |
| 5 | 乙烯基地板 | 十二烷<br>TXIB* | 40 微克 / 立方米（十二烷）<br>50~70 微克 / 立方米（TXIB） |
| 6 | 地毯 | 4- 苯基环乙烯 | 29~45 微克 / 立方米 |
| 7 | 地毯 | 苯乙烯 | $0.9 \times 10^{-6}$ |
| 8 | 橡胶面板瓷砖 | 苯乙烯 | — |
| 9 | 密封剂 | 1，2，5-Trithiepane | — |
| 10 | 使室内潮湿的用剂 | 石油溶油剂 | 1.5~6 毫克 / 立方米 |
| 11 | 用木馏油处理过的木料 | 卫生球<br>甲基萘 | 20 微克 / 立方米<br>10 微克 / 立方米 |
| 12 | 干燥剂 | 卫生球 | 0.2 毫克 / 立方米 |
| 13 | 在潮湿混凝土上的地板 | 2- 乙基己醇 | 1 000 微克 / 立方米 |
| 14 | 塑料地板 | 2- 乙基己醇<br>氨水 | 10 微克 / 立方米<br>— |
| 15 | 地毯 | 2- 乙基己醇<br>壬醇，庚醇 | 34~138 微克 / 立方米<br>— |
| 16 | 塑料地板 | 丙烯酸异辛酯 | 30 微克 / 立方米 |
| 17 | 塑料地板 | 苯酚<br>甲酚 | 30 微克 / 立方米<br>10 微克 / 立方米 |
| 18 | 油漆 | 邻苯二甲酸二丁酯 | 40 微克 / 立方米 |
| 19 | 被火烤过的油漆 | PCB | 1~3 微克 / 立方米 |

续表

| 编号 | 来源 | 化合物 | 浓度 |
| --- | --- | --- | --- |
| 20 | 散热漆 | 己酸<br>己醛 | 60 微克 / 立方米<br>37 微克 / 立方米 |
| 21 | 油漆 | 石油溶油剂 | 1.4 毫克 / 立方米 |
| 22 | 潮湿的矿石<br>绝缘的羊毛制品 | 己醛 | 0.1 毫克 / 立方米 |
| 23 | 刚建好的房子 | 130 化合物包括<br>苯乙烯 | 0.4 毫克 / 立方米 |
| 24 | 新房子 | TVOC<br>$C_5$ 和 $C_6$ 醛 | 13 毫克 / 立方米<br>50~150 毫克 / 立方米 |

注：*TXIB 是 2,2,4-trimethyl-1,3-pentadiol diisobutyrate。

散发在室内空气中的甲醛有很多来源。比如说吸烟产生的气体，燃气用品产生的气体，消毒剂和油漆添加剂。但是最重要的室内空气中的污染物可能来自产品脲醛塑料。这些包括碎木板（地板、镶板、细木家具、家具）、中密度纤维板、硬木胶合板、脲醛泡沫绝缘体。甲醛可以由被束缚在树脂中未反应的甲醛挥发而来，也可以由腐烂树脂分解得来。

# 5.4 室内空气污染与人体健康

## 中国控烟十年之殇

赵何娟　王羚

多年来，中国烟草一直保持了七个“世界第一”：烟叶种植面积第一；烟叶收购量第一；卷烟产量第一；卷烟消费量第一；吸烟人数世界第一；烟草利税第一；死于吸烟相关疾病人数第一。进入2000年以来，中国每年死于吸烟相关疾病的约100万人，是全球该相关死亡人数的五分之一。

去年11月，山东一名年仅9岁的女孩，被查出肺癌晚期，发现时，该女孩的右侧胸腔内都已有积水，肺上已经有个肿块，肺、胸膜和纵膈淋巴结上都有癌细胞的转移，已没有任何治疗希望。

该事件在国内医学抗癌领域引起了很大震动，上海第八人民医院放射科主任、中国抗癌协会肿瘤微创治疗专业委员会委员杨秀军向《第一财经日报》提到这个病例时至今心痛，他说，后来查证发现，该小孩的父亲已经酗酒多年，每天能抽两包烟，并且当着孩子的面从不避开。即使在当初妻子怀孕期间也没有戒烟。“孩子之所以得肺癌，正是因为每天被动吸烟所致。”

卫生部于5月29日最新公布的数据显示，我国目前烟民已达3.5亿，“被动”烟民5.4亿，其中15岁以下儿童有1.8亿，每年死于被动吸烟的人数已经超过10万。

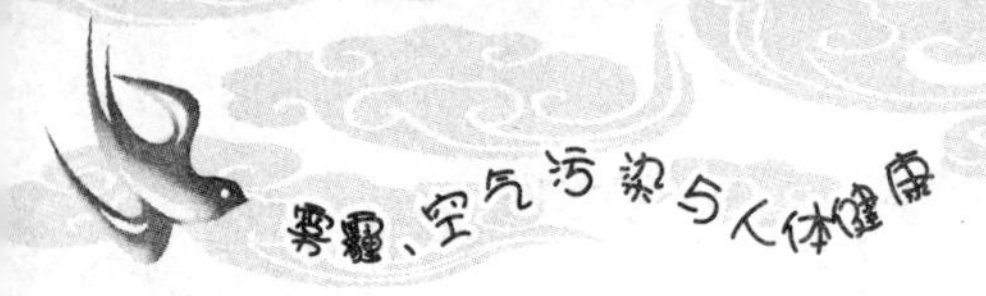


今年5月31日是第20个“世界无烟日”,主题是“创造无烟环境”,然而“无烟环境”在中国已是十年之殇。一份内部研究报告显示,1997年开始,欧美国际香烟巨头由于国内禁烟政策的影响,开始大肆进军亚洲尤其是中国市场。而中国的控烟步伐却远远落后于欧美国家。

## 吸烟与致贫

烟草对于健康的破坏度不言而喻,烟草对死亡和疾病的作用也已得到了很好的证实。但是,烟草加剧贫困却没有得到足够多的重视。有限的家庭资源被消耗在香烟上而不是花在食物和其他必需开支如教育和营养上。贫困家庭用于香烟支出的费用(占其家庭总的可支配收入的4%~5%)有着非常高的机会成本,浪费了本应满足食物和其他基本需求的宝贵资源。

早在1995年第八个“世界无烟日”,“控烟与减贫”就已经作为主题被提出。全国爱国卫生运动委员会当时提供的资料称,我国烟草的产量、销售量和吸烟人数均占世界首位,烟草所创的经济收入在国家财政收入中占有很大比重。

2003年5月,192个世界卫生组织成员国最终通过了《烟草框架公约》(下称《公约》),中国也在其中。各成员国承诺将迎接烟草带来的公共卫生挑战,决心处理烟草价格和税收、烟草和贫困、跨边界走私、烟草广告与促销、室内清洁空气的权利等关键问题。

世界卫生组织的报告显示,关于烟草种植和消费增加了贫困这一现象一直被忽视。“虽然近年来在不少高收入国家,烟草使用呈下降趋势,但在中低收入国家中烟草使用正急剧上升。”

全世界烟民有75%在发展中国家,每年要吸掉全世界香烟总消费量(5.7万亿支)的60%左右。这本身证实了综合烟草控制的必要性。

不过,必须注意到烟草使用和其相关的疾病负担关系呈一定的倾斜。换句话说,穷人相对于富人更倾向于使用烟草,教育和社会经济地位也存在相似的情况。

中国疾病预防控制中心副主任、中国控烟协会副会长杨功焕教授曾在媒体上表示,由于烟草的效应不是立即发生,所以很多人未能感觉到烟草对健康的危害。在现阶段,中国烟民平均比总人群的期望寿命少4.6年,每人平均少工作2年,所创造的劳动价值会减少很多。但是按照目前的吸烟模式,仅由于人口的增长,到2030年吸烟者将增至4.31亿人,那么2025年开始每年有将近200万人死于因吸烟引起的疾病。

杨功焕说,烟草使用导致医疗费用增加,目前医疗费用的上涨速度远远高于烟草行业利税上涨速度,假若2025年归因于烟草的疾病和死亡率为33%,那么仅耗费的医疗费用就会超过烟草行业为国家创造的利润。如果加上生病导致的其他间接费用,仅仅由于直接医疗费用和损失工作年限,就足以抵消烟草所带来的经济价值。这还不包括烟草消费导致的其他经济损失,如火灾等。

### 国际香烟巨头暗战中国

英国一直在逐渐加强对香烟广告的限制。1996年通过的一项法律,首先禁止在电影和电视节目中播放烟草广告,同时要求所有出售的香烟必须标注“吸烟有害健康”的字样。

自20世纪70年代开始,英国还一直在不断调高烟草税。尤其是1998年以后,英国的烟草税平均每年增长5%。

据有关方面统计,由于采取了各种控禁烟措施,英国烟草巨头在英国本土的香烟销售量也逐渐下降。

记者获得的一份研究报告显示,自本土销量受到极大挤压开始,英国一些大的烟草巨头开始把目标市场瞄准了亚洲,尤其是中国。

这一现象也发生在美国。美国国家卫生研究署(National Institutes of Health)的叶东升博士告诉记者,美国烟草公司目前在本国由于逐年递增的消费税和控烟政策影响,利润受限。

该博士称,美国烟商最赚钱的地方不是国内,而是中国。美国的诸多组织也在不断给中国政府施加压力,希望借奥运之机,在中国大力推广禁烟。

除了正常的途径,国外销往中国的走私烟也不可估量。伦敦卫生与热带医学院的李医生(Dr. Kelley Lee)和爱丁堡大学的科林医生(Dr. Jeff Collin),对大量英美烟草公司迫于接连不断的诉讼而被迫公布的内部文件进行了数年研究,根据最新研究数据显示,在2003年和2005年,英美烟草对中国的销量是中国官方全部进口数字的50倍。这中间的巨大差距,英美烟草商一直难以解释。

内部文件中还承认,出口到中国香港的烟草制品,绝大多数是用来供应中国内地走私市场的。“显然,在过去的20年中,走私香烟获利巨大,并成为英美烟草商在中国业务的一部分。这最早是用来绕开中国市场严格限制的一种方式,现在成为滚滚收入的来源。走私当时被用来进入市场,与其他品牌竞争,对其定价和供应的管理都非常慎重。”(见本报2006年7月18日报道《内部文件披露:英美烟草商主动对华大量走私香烟》)

该报告的李医生也向本报记者表示,经过长期的研究发现,亚洲,尤其是中国,已经成为英美烟草销量最大的市场。

此外,记者还了解到,烟草企业还曾因世界卫生组织的全球控烟行动,展开过“反控烟”行动。在美国披露的一批烟草商内部文件显示,烟草商曾试图诋毁世卫组织,降低其预算。

据海外媒体披露,美国一家烟草巨头曾有计划组织反击:秘密监听反吸烟会议以获取机密资料;说服联合国农业组织,控烟行动将使得烟草种植穷国收入减少,伤害穷人。

世卫组织的调查发现,这些烟草商共设计了26条行动方案,包括破坏1992年“香烟与健康”会议,派出特训记者恐吓参会人员;组织间谍进入世卫组织,监察反吸烟动向,窃取机密文件。

为此,世卫组织发出警告称,如果目前的状况不根本改变,30年后每年将有1 000万人死于烟草,其中70%在发展中国家。

据外电报道,世界卫生组织计划就与吸烟有关的死亡和疾病问题,向将烟草公司告上法庭的国家提供专门的知识和咨询意见,并且鼓励发展中国家支持和起诉大烟草公司。

## 国家控烟疲软

中国控制吸烟协会原副会长张义芳告诉本报记者,中国2000年之前控烟还不错,1997年是高峰,从那之后就开始走下坡路。“一个原因是主管部门不积极主动,决策层缺少一批热心控烟的人。”

他说,中国政府加入《公约》,但是实际行动不够。尤其是在商标和标语上,《公约》要求,烟盒上三分之二地方登上警语,中国没动。这个到2008年就要全面执行。

《公约》还要求降低吸烟率,但中国一直排在前几名,甚至逐年上升,现在已达40%的吸烟率,男性占70%。

世界卫生组织曾发布报告称,中国是世界上唯一吸烟比例在上升的国家。

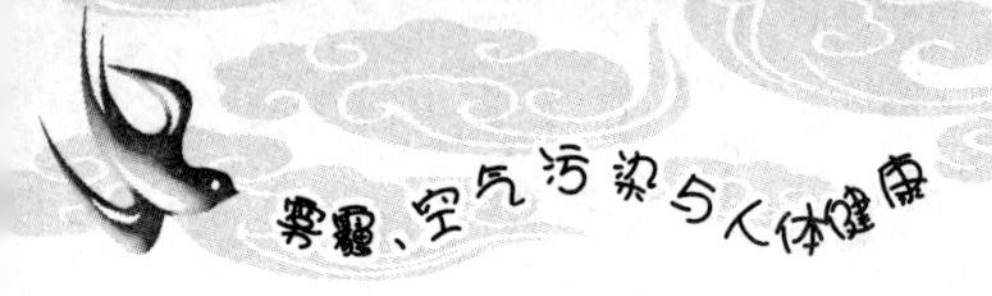


记者获得的一份研究报告显示，早在2001年发表的一份世界卫生组织有关心血管疾病危险因素的报告（《Trends in coronary risk factors in the WHO MONICA project》），收集了21个国家的38个人群近10年来吸烟情况的资料。在35~64岁的男子中，只有一个国家及地区吸烟率有显著升高，而且遥遥领先，这就是来自中国北京的样本人群。

张义芳说，1990年，《吸烟危害控制法》报到国家法制局，但对方说已经有了相关法律，所以没有批。我国关于控烟的法律非常滞后，只是在《烟草专卖法》中第五章18~19节和第三章有控烟的内容，就成为某些部门的借口，不再继续立法。事实上，控烟的内容放在烟草专卖法也有些不伦不类的。《烟草专卖法》就成了个掩护，使真正的控烟法出不来。

另外，他说，中国在无烟草广告方面做得也不够，各个地方各个媒体为了自己的利益，都睁只眼闭只眼。

“中国目前禁止公共场所吸烟的立法现状存在很多不足，地级以上城市中有一半以上还存在控烟法规空白，而且禁止吸烟的场所比较局限，法规内容限定模糊，可操作性不强。”卫生部副部长王陇德说。

中国疾病预防控制中心副主任、中国控烟协会副会长杨功焕在接受《第一财经日报》采访时表示，中国的控烟工作起步很晚，应该是从1990年开始的。虽然一直处于专家控烟的层面，直到1999年以后中国进行加入框架公约的谈判，才开始进入政府控烟的层面。

她说，目前中国应该是处于从专家控烟到政府控烟的推进上，还没有到全民控烟。控烟的道路确实还很长。

但是，她也不赞成有些专家关于中国控烟工作倒退的说法。“从2003年开始，政府不光是介入，而且是领导了中国的戒烟工作，相信在

所有人的努力之下,中国加入框架公约之后的控烟步子会更快。”

资料来源:http://www.sina.com.cn 2007年06月04日02:27

## 5.4.1 烟雾与吸烟

吸烟是最常见的室内空气污染源之一,是部分吸烟者家庭的首要室内污染。由于对烟害的了解,在先进国家的吸烟人数已日渐减少,但令公共卫生专家担忧的是全球吸烟的人口仍逐年增加,并由于跨国烟草公司积极地向发展中国家开拓市场,导致吸烟族群也逐渐转往贫穷且卫生医疗水平较差的第三世界地区。即使如今吸烟已被确认为人类致癌因子,发展中国家的吸烟人口仍以每年3%的速率激增。目前全世界60亿人口中约有11亿5千万人吸烟,其中增加最快的是妇女(约2亿)与儿童族群。

全球不同地区的吸烟人口数因经济状况、文化背景、社会习俗、教育程度等因素而有差异。美国人口目前约有25%为吸烟者,卫生部于2007年5月29日公布的数据显示,我国烟民已达3.5亿,“被动”烟民5.4亿,其中15岁以下儿童有1.8亿,每年死于被动吸烟的人数已经超过10万。

环境香烟烟气(Environmental tobacco smoke或ETS,即一般所称二手烟, passive smoke)乃指点燃香烟所产生的烟雾,并包括由吸烟者所呼出的主流烟(mainstream smoke)与在点燃状态但未吸烟时所产生的旁流烟(sidestream smoke)。主流烟与旁流烟因为燃烧温度、状态、过滤作用之不同而有不同的危害,但两者皆含有类似的化合物。前者因燃烧温度与含氧量较高,且已被吸烟者吸入后再行吐出,因而其危害

较后者为低。吸烟的危害不仅局限于吸烟者。美国的调查指出，全美有43%年龄介于2个月至11岁的孩童的住处至少有一吸烟者，而有37%的非吸烟成人与吸烟者同住或在工作场所暴露于二手烟；而吸二手烟与吸烟者之间在危害性上的差异并不大。

### 5.4.2 甲醛

城市地区交通尾气排放是空气中甲醛的最重要来源。汽油发动机每燃烧一升燃料就喷射出数百毫克的甲醛，柴油发动机每燃烧一升燃料能释放大约1克的甲醛。排气催化器的使用，能将废气中的甲醛减小到原来十分之一的水平。有报道说市区人类活动产生的烃和交通排放的醛的浓度为1~20微克/立方米。但是，严重的气象倒置事件能够导致浓度最高达到100微克/立方米。

在空气中，甲醛能与自由基迅速地进行光解反应，因此在阳光下只能存在几个小时。由于在水中有较高的溶解度，所以甲醛也能被雨水除去。有报道说雨水中的甲醛浓度是0.1~0.2毫克/千克。

人类与甲醛接触主要来自于吸入室内和外界环境中的甲醛。甲醛是工业常用的溶剂，具有易挥发、无色、易燃、刺激等特性。在室内空气中较常见的甲醛来源包括家具与装潢所使用的夹板或隔热材料、地毯、油漆等。甲醛可由这些制品中不断地释出，而通常在全新的状况下浓度最高，并随时间增长而递减，但仍可维持相当长的时间。在室内吸烟也是甲醛的来源之一。

有报道说室内甲醛的浓度在10~1 000微克/立方米。不同的大气环境导致人类在室外平均每天吸入0.02毫克的甲醛，在普通的建筑物

中平均每天吸入0.5~2毫克,在有甲醛蒸发的建筑物中平均每天吸入1~10毫克。每天吸20支烟能够导致人多吸收1毫克的甲醛。

甲醛被吸入之后就一直保留在体内。但是人和实验动物体内血液中甲醛的浓度并没有因此而增加。这可能是由于甲醛的反应活性较高。在呼吸道的黏液层中存在着高度亲水性物质,甲醛或者迅速与黏液层及上皮细胞表面结构中的高分子反应,或者快速地被甲醛脱氢酶和其他酶代谢成蚁酸和二氧化碳,成为一碳生长素的一种来源。在老鼠体内,甲醛的保留主要发生在鼻腔,而在灵长类动物体内,甲醛则深入到呼吸道,在气管和主支气管中被保留下来。

吸入人体内的甲醛可迅速地被吸收与代谢为甲酸。在空气中,甲醛对人体产生反应的浓度在$100\times10^{-9}$~$3\,000\times10^{-9}$的范围,但仍有少数人对其特别敏感。在浓度为$0.05\times10^{-6}$~$0.5\times10^{-6}$时,甲醛即可对眼睛产生刺激作用,而对呼吸道造成影响的浓度则较高,其浓度在$1\times10^{-6}$~$11\times10^{-6}$的范围,其症状包括喉咙干燥、鼻部刺痒、喉痛等。若浓度更高达$5\times10^{-6}$~$30\times10^{-6}$时,则会发生流泪、咳嗽、呼吸困难,严重的会有鼻、咽及气管灼热感。暴露在更高的浓度下数小时后会引起肺水肿、肺炎或导致死亡。甲醛长期的慢性吸入暴露可造成呼吸道刺激、肺功能的减弱、过敏等。国际癌症研究机构(IARC)将甲醛列为疑似人类致癌物。甲醛亦具有弱遗传毒性与弱突变性。

很多的研究集团都对甲醛对健康的影响作出了评估。国际癌症研究机构(IARC)已经把甲醛归到2B组去了,这一组已经被证实有足够的证据使动物致癌,但是对人体致癌的证据不足。短期暴露在这样的环境中可以刺激眼、鼻、喉,从而导致身体不适,症状包括流泪、打喷嚏、咳嗽、恶心和呼吸困难(呼吸吃力)。

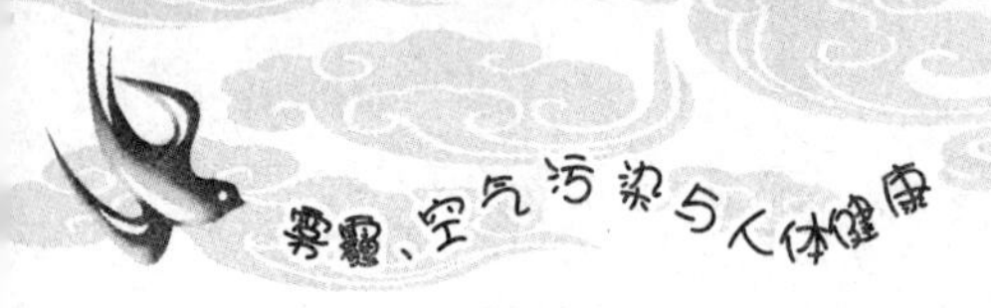


表 5.3 列出了人们短期暴露在不同的甲醛浓度下的反应。眼睛和喉咙在浓度为 0.5~0.6 毫克 / 立方米时会感觉到不适，在 1~20 毫克 / 立方米之间不适的程度会急剧增加，在浓度为 30 毫克 / 立方米或者更高时会危及生命。对于空气中甲醛的浓度来说，每个人的忍受能力都不一样。

**表 5.3　人们短期暴露在不同浓度甲醛中的影响**

| 影响 | 甲醛浓度（毫克 / 立方米） | |
|---|---|---|
| | 平均估计浓度 | 报道范围 |
| 气味检测值（包括重复暴露） | 0.1 | 0.06~1.2 |
| 眼睛开始感觉到不适 | 0.5 | 0.01~1.9 |
| 喉咙开始感觉到不适 | 0.6 | 0.1~3.1 |
| 鼻子和眼睛感觉到刺痛 | 3.1 | 2.5~3.7 |
| 可以忍受 30 分钟（流泪） | 5.6 | 5~6.2 |
| 强烈的流泪持续一个小时 | 17.8 | 12~25 |
| 对生命有危险，水肿，炎症，肺炎 | 37.5 | 37~60 |
| 死亡 | 125 | 60~125 |

多项研究表明，甲醛作为一种潜在的诱发性因素，对于某些人群，尤其是儿童，会引起他们的呼吸道感染。甲醛气体导致呼吸道感染是已经被证实了的，并且专业的研究表明，暴露在高浓度甲醛气体下的人们有 1%~2% 的概率患哮喘。来自美国亚利桑那州的一份研究报告指出，生活在甲醛浓度为 $60 \times 10^{-9}$~$120 \times 10^{-9}$ 的家庭的孩子，尤其还是在那些有吸烟环境的家庭中的孩子有很大的可能性患哮喘和慢性支气管炎。

一些研究证明老鼠长期吸入甲醛蒸气能够患上鼻腔鳞状细胞癌。老鼠对甲醛更为敏感,肿瘤的发展与接触浓度为7~18毫克/立方米的甲醛有非常直接的关系。超过30个流行病学研究已经揭示了接触甲醛与人类患上癌症的关系。从两方面分析出职业性接触甲醛与鼻咽癌的产生有密切的关系。

## 5.4.3 一氧化碳

一氧化碳是一种无嗅、无色且具窒息性的气体,通常为有机物在不完全燃烧状况下的产物,而其主要的室内污染源有瓦斯炉、热水器、室内停车空间、吸烟等。

一氧化碳与血液中的血色素结合能力为氧气的200~250倍,此结合作用造成血色素与氧无法正常结合,而一氧化碳也使细胞内线粒体的细胞色素氧化,而直接影响到细胞的呼吸作用。因此,此两种作用导致细胞缺氧而死亡。一氧化碳的浓度和暴露时间的长短都与中毒的严重程度有关系,当空气中一氧化碳浓度达到0.06%时,人体内就会有一半的血红素无法携带氧气,并造成脑部、心脏等重要器官缺氧。一般人呼吸到一氧化碳浓度为1%的空气,持续10分钟就会产生中毒症状;若暴露在高浓度下,几秒钟内就会因窒息而晕迷。一氧化碳的急性中毒症状包括头痛、呕吐、呼吸困难、肌肉无力、心悸、协调性变差、无方向感、胸痛、视线模糊等,而长期较低浓度的暴露则可能发生不可逆的脑神经病变并导致行为与个性的改变或精神错乱。美国每年大约有3 500人死于一氧化碳中毒,而我国台湾地区中毒伤害主要原因之一也是一氧化碳。

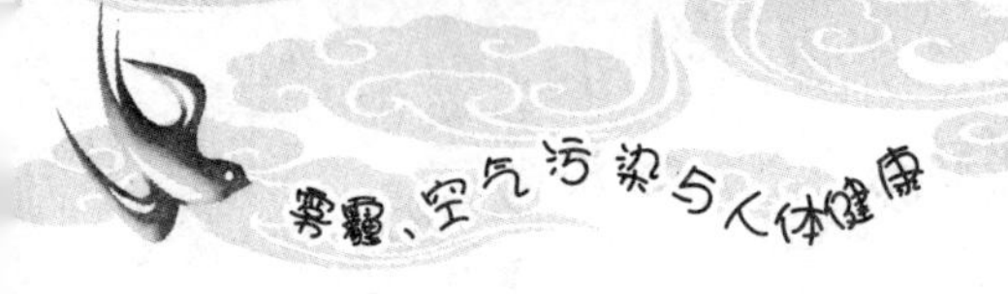


## 5.4.4 氮氧化物

二氧化氮是所有氮氧化物中较可能存在于室内空气并对人体产生健康危害的化合物。瓦斯炉或热水器是室内二氧化氮的最主要来源。在无明显室外空气污染的状况下，若在室内使用瓦斯炉，则二氧化氮的浓度有时可高达 $0.7 \times 10^{-6}$。吸烟也会使室内的二氧化氮浓度增加。

二氧化氮为红棕色，是具有强氧化与刺激作用的气体，吸入后大部分将滞留于肺部，在高浓度（约为 $0.5 \times 10^{-6}$）时能造成肺部的严重损伤以及支气管炎与肺炎，而在低浓度时则会抑制肺部的免疫功能以及造成支气管发炎。气喘患者对二氧化氮导致的肺部影响则特别敏感。二氧化氮产生急性中毒的症状与一氧化碳类似，包括具有刺激感、胸痛、呼吸困难、咳嗽、气喘、发绀、发热、呼吸率增加、支气管炎、晕眩、虚弱、血压降低、恶心、呕吐等，而肺水肿通常延迟至 5~72 小时后才发生。长期吸入二氧化氮会引起头痛、失眠、口鼻溃疡、缺乏食欲、不消化、虚弱、慢性支气管炎、肺气肿等。

陆应昶等对江苏省肺癌死亡资料与同期空气资料作空间地理分布图及 Spearman 等级相关分析，发现氮氧化物浓度与肺癌标化死亡率之间存在正相关。在挪威，对 16 209 名男性进行的队列研究表明，长期暴露于氮氧化物中与肺癌危险度有关，氮氧化物增加 10 毫克 / 立方米，肺癌的相对危险度为 1.11，其 95%CI 为 1.03~1.19。Nyberg 在瑞典进行的病例对照研究表明，暴露于超过 30 年的交通污染引起的氮氧化物污染中，肺癌的危险性增加 1~2 倍。

### 5.4.5　臭氧

臭氧为无色、微臭且具刺激性的气体。虽然对流层大气的臭氧对于保护地球生物免受太阳紫外线辐射具有关键性的作用，但臭氧作为强氧化剂对于人体有很多危害。室内空气中的臭氧主要来自于室外的渗入，但室内仍有一些排放源，包括复印机、激光打印机、离子空气净化机等。一般室内空气的臭氧浓度应低于 $0.02 \times 10^{-6}$。

臭氧是有植物性毒素，对细胞有渗透作用，文献报道它会使叶子坏死，农作物减产，而且可能造成森林衰老。

空气中臭氧浓度低时，可能会影响嗅觉，并刺激眼、鼻子、呼吸道的黏膜组织，使喉咙干燥及引发咳嗽。当臭氧浓度升高（超过 $0.3 \times 10^{-6}$）时，暴露者会产生头痛、胃不舒服、呕吐、胸部疼痛或压迫、喘气、疲倦等症状。当浓度更高，肺部组织会受损而产生肺水肿，有时并导致死亡。但由于臭氧的强氧化性，其在一般的室内浓度即使在接近产生源之处，也极不可能达到造成毒害作用的程度。

### 5.4.6　氡气

氡是无色、无嗅、无味的惰性气体，是自然界唯一的天然放射性气体，其为镭金属的衰变产物，且具有放射性，半衰期仅 3.8 天，主要来源于房基土壤、建筑材料、供水以及用于取暖和厨房设备的天然气等，并可由土壤、岩石中渗入一般空气中或水体。在全球许多特殊地质的地区（如北美），因地层中含铀矿（或其子放射性核种如镭），造成空气中含有微量的氡气，若室内的通气不良，则可能累积至产生毒害的浓度。

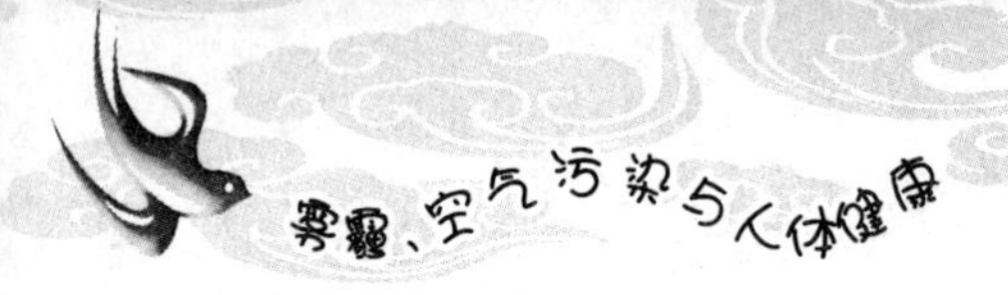


吸入氡气应不会产生立即性的毒害，而其最主要的人体健康影响为造成肺癌（因辐射伤害之故）。氡气也是北美一般民众罹患肺癌的第二大主因（第一为吸烟）。

人如果长期生活在氡浓度过高的环境中，这些氡吸附于悬浮微粒物质上，会被人体吸入肺部，产生该组织细胞的辐射伤害。氡经过呼吸道沉积在肺部尤其是气管、支气管内并放出大量放射线，造成辐射损伤，导致肺癌。世界卫生组织已将氡气列为使人致癌的19种物质之一。国际癌症研究机构（IARC）已确认氡及其子体具有人类致癌性。氡引起肺癌的潜伏期为15~40年。据报道，世界上有1/5的肺癌与氡及其子体有关。

据不完全统计，我国每年因氡致肺癌有5万人以上。美国每年因材料使用不当受到氡气辐射，罹患肺癌死亡的人数已达15 000~20 000人，占总肺癌发病人数的12%，仅次于吸烟。英国约有14 000人死于氡气导致的肺癌，瑞典每年约有1 100人死于因氡气导致的肺癌，占总肺癌死亡人数的30%。J. H. Lubin等对已发表的流行病学研究进行Meta分析，对北美研究和我国研究进行的汇总分析都显示，长期居住在高氡浓度房间内的居民肺癌危险明显增加，这与从氡暴露矿工研究外推结果一致。

### 5.4.7 二氧化碳

二氧化碳是有机物燃烧的最终产物，也是一般生物呼吸的代谢产物，具有无色、无臭、不燃等特性。大气中的二氧化碳浓度约在$350\times10^{-6}$，但室内空气中二氧化碳浓度通常高于室外，而主要污染来源

为燃烧，包括瓦斯炉、热水器、人体呼出等。在通风不良的空间，二氧化碳的浓度有时可高达 $3\,000 \times 10^{-6}$ 以上。

二氧化碳的毒性依浓度及暴露时间而异。二氧化碳会造成中枢神经系统的影响，并产生头痛、头晕、视觉模糊、恶心、虚脱、心跳不规律、失去意识、行为举止变化、反应迟钝等症状，也可能伴随心脏与血管的影响（如冠状动脉疾病）。吸入高量的二氧化碳会导致血液 pH 值的降低以及呼吸速率与深度的增加。暴露于二氧化碳浓度为 $50 \times 10^{-6}$ 以上达 1.5~4 小时者，工作效率会降低，在 $200 \times 10^{-6}$ 以上者会引起剧烈头痛。在 $400 \times 10^{-6}$ 以上者会引起虚弱、头昏眼花、恶心、昏晕，而在 $1\,200 \times 10^{-6}$ 以上者会产生心跳加速，且心跳不规律。若暴露浓度超过 $2\,000 \times 10^{-6}$ 以上者，则可能导致意识丧失或死亡，高于 $5\,000 \times 10^{-6}$ 可能于数分钟内即死亡。中毒严重但未致命者，于复原过程可能会有头痛、头昏眼花、丧失记忆、视觉及精神异常等问题。妇女怀孕期间若暴露于高量的二氧化碳，有时会对胎儿造成不利的影响（缺氧产生畸胎或死胎）。

### 5.4.8　烹调与厨房油烟

烹调油烟是室内污染的另一个主要来源，是非吸烟肺癌病因中的一个热点。南京城区所进行的病例对照研究表明，厨房烹调油烟是发生肺鳞癌和肺腺癌共同的危险因素，其相对危险度分别为 3.8 和 3.4，人群归因危险度（PAR）分别为 0.52 和 0.61，如果消除烹调油烟的因素，肺癌的发生可能减少一半以上。如果菜油和豆油加热至 270~280 摄氏度（大致相当于日常炒菜时油类加温范围）时产生的油烟具有明

显的致突变作用,而花生油和猪油则无致突变作用。Gao 等在 20 世纪 80 年代中期的研究表明,经常使用菜油、豆油且高温烹调者会增加肺癌的危险性。

# 第六章　空气污染与人体健康

从 2001 年到 2010 年,北京因肺癌致死的人数增长了 56%。7 月份发布的一项麻省理工大学的研究发现,中国北方居民的平均寿命要比南方少 5.5 年,很大程度上就是因为空气中的颗粒物。研究员们还得出结论,空气污染导致中国北方老百姓的预期寿命总计减少 25 亿年,而这在一定程度上与北方的燃煤集中供暖方式有关。

同样,今年 3 月份美国健康影响研究所(Health Effects Institute)声称,单单在 2010 年,空气污染就致使中国公众损失 2500 万年的健康寿命,并导致 120 万人过早死亡。

## 6.1 雾霾、空气污染与呼吸道疾病

在公认的大气污染物中,雾霾、颗粒物与人群健康效应终点的流行病学联系最为密切。对颗粒物对健康的危害作定量评价,近年来已成为 WHO、欧盟等国际机构关注的热点之一。

进入 21 世纪以来,持续的雾霾天气笼罩着京津冀、中原和长三角 10 余个省市。雾霾和细颗粒污染物 PM2.5 是重要的空气污染物之一,也是影响我国大多数城市空气质量的首要污染物,大气颗粒物污染对

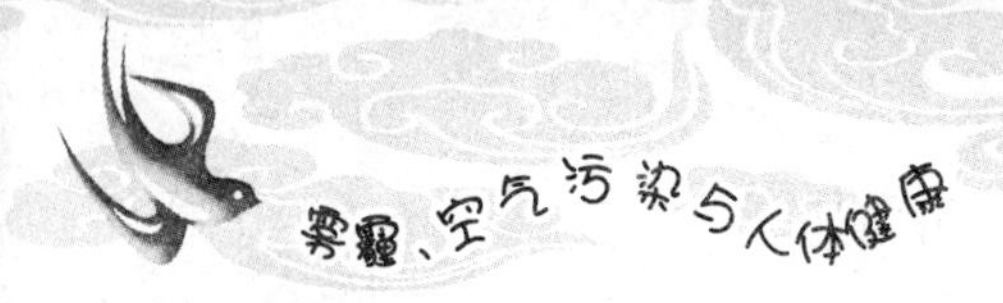


健康的影响已成为公众以及各国政府关注的焦点。

PM2.5 的构成复杂，包括碳质成分、二次污染成分、金属元素、有机物质和生物组分等。颗粒物中含量最多的碳质组分（有机碳和元素碳）与心率变异性、血压、系统性炎症、血液高凝状态等均有关。雾霾中传统关注的多环芳烃及过渡金属（如铁、锌、铜、镍、钒）可引起活性氧的产生和炎性因子的释放，与颗粒物引起的心肺损伤密切相关。颗粒物中含有的致突变物和致癌物（砷、多环芳烃等）引起的遗传物质损伤，与癌症和出生缺陷的发生有关。

美国的研究表明：硫酸盐、硝酸盐、氢离子、元素碳、二次有机化合物及过渡金属都富集在细颗粒物上，而钙、铝、镁、铁等元素则主要富集在粗颗粒物上，它们对人体的影响不同。PM2.5 对人体的危害比 PM10 大，PM2.5 已成为各国环境空气控制政策的新目标。随着交通的发展、机动车辆的增加、环境的日益破坏，PM2.5 污染越来越严重。研究发现大气中 PM2.5 在总悬浮颗粒物中的比率逐年增加，沉积在下呼吸道的 96% 的颗粒物是 PM2.5。城市大气中 PM2.5 主要来自于交通废气排放（18%~54%）及气溶胶二次污染（30%~41%）。

对污染水平改变的早期和持续反应研究中，虽然发现研究对象从郊区校园迁至城区校园后，其血压、炎症生物标志及同型半胱氨酸水平整体上呈明显上升趋势，而凝血生物标志物水平整体呈降低趋势；但同时观察到郊区大气 PM2.5 污染水平高于城区的结果。对此研究者进一步对 PM2.5 的化学成分进行了分析，得出城区 PM2.5 中来源于机动车尾气的碳质含量明显高于郊区，而郊区 PM2.5 中来源于二次污染的硝酸根离子和硫酸根离子含量明显高于城区的结果。最终分析结果显示，对血压水平有重要影响的成分包括有机碳、元素碳、镍、锌、镁、铅、砷、氯离子和氟离子等，其中以碳质组分最为明显；对心血管生物标志物有重要影响的化学成分包括锌、钴、锰、硝酸根离子、氯离子、二次有机碳、铝等，其中以过渡金属最为稳定，这些在大气 PM2.5 健康效应中起关键作用的化学成分主要来源于交通排放、扬尘（含建筑扬尘及远距离输送扬尘）和燃煤等污染。

细粒子污染物即使是由无毒物质形成的，但因为它们能够被吸入，所以对肺也是非常有害的，比如说二氧化钛和碳。Fertin 研究了放在相同浓度二氧化钛中，两种情况下老鼠的气管肺泡发炎状况（一种情况下二氧化钛为精细粒子，颗粒直径大约为 250 纳米；另一种情况下二氧化钛为超细粒子，颗粒直径为 20 纳米）。结果发现在超细粒子中发炎反应是显著的，而在精细粒子中发炎却很少出现。这就说明了相同物质的超细粒子和精细粒子在致病原因方面有显著区别。

有充足的证据表明 PM10 含有超细组分，并且有报道说哮喘是和空气中的超细组分有密切关系的。柴油机排放的颗粒直径在 50 纳米左右，还有一些研究也描述了尺寸在超细范围内的组分，尽管这些组分在总质量中只占很小的比例。

对颗粒物健康效应机制进行总结可得出如下简要机制途径。

①颗粒物进入肺组织，引起局部氧化应激和炎症反应，氧化应激可损害生物膜脂质、蛋白质和 DNA，与炎性因子共同作用会导致呼吸道受损伤，引起肺功能降低及呼吸系统疾病发生率增加。

②颗粒物刺激肺部产生的炎性因子及通过肺毛细血管进入血液循环的超细颗粒物及其组分，可改变循环系统的氧化应激状态和炎性水平，促使炎性因子、趋化因子、黏附分子的表达，引起系统性炎症反应，后者可能对各组织器官产生不良影响。

③系统氧化应激及炎症反应可进一步引起血液的高凝状态、内皮功能紊乱、血管舒缩异常、自主神经功能紊乱等，引起对心血管系统的损伤。

④进入系统循环的超细颗粒物或其组分，还可对心血管系统、神经系统等产生直接毒性作用。

⑤颗粒物刺激细胞释放活性氧，氧化损伤组织细胞和遗传物质，引起细胞增殖和分裂紊乱，可能导致细胞恶性转化。

目前 PM2.5 对心肺等损伤的毒性机制仍未完全阐明，但其引起的氧化应激、局部和系统炎症作用、自主神经功能改变、血液循环状态改变、血管生理状况改变及直接毒性作用等是目前较为公认的效应机制。 事实上，颗粒物进入机体后，对各系统的影响并不像上述论述的那样相互独立。例如，颗粒物进入肺部可刺激肺部的自主神经反射，直接对心血管系统产生影响；颗粒物在肺局部引起的炎症反应可进一步促进系统炎症的发生，而系统炎症反应可同时对各个系统产生影响；免疫系统的细胞存在于机体的多个系统之中，颗粒物进入组织器官可能对其中存在 / 定居的免疫细胞产生影响，而颗粒物对机体免疫细胞和免疫因子的影响可引起机体对颗粒物损伤的反应性提高。

### 6.1.1　呼吸道感染

雾霾天气，空中浮游大量尘粒和烟粒等有害物质，会对人体的呼吸道造成伤害。空气中飘浮的大量颗粒、粉尘、污染物等，尤其是细颗粒污染物 PM2.5 表面积大，易携带大量有毒有害物质，经呼吸道进入人体肺部深处并随血液循环，一旦被人体吸入，对人体产生的危害更大。它会刺激并破坏呼吸道黏膜，使鼻腔变得干燥，破坏呼吸道黏膜防御能

力，细菌进入呼吸道后容易造成上呼吸道感染。

研究表明，总悬浮颗粒物浓度每升高 100 微克 / 立方米，人群总死亡率、肺心病死亡率、心血管病死亡率分别增加 11% 、19% 、11%；总悬浮颗粒物每增加 100 微克 / 立方米，呼吸道症状和疾病发生的相对危险度为 1.13~1.59。

对北京市近 6 000 名儿童呼吸系统症状和疾病与大气污染的关系进行研究后发现，污染严重地区儿童的各种呼吸系统疾病和症状的发生率均显著高于大气质量较好的对照区。居室附近有交通干道儿童的各种呼吸系统疾病和症状的发生率高于居室附近没有交通干道的情况。儿童长期暴露于有较高浓度颗粒物的空气中，出现慢性阻塞性肺疾病症状的时间将会提前。

有专家表示，呼吸系统与外界环境接触最频繁，且接触面积较大，数百种大气颗粒物能直接进入并黏附在人体上下呼吸道和肺叶上，并且大部分会被人体吸入。雾霾天气导致近地层紫外线减弱，容易使得空气中病菌的活性增强，细颗粒物会“带着”细菌、病毒，来到呼吸系统的深处，造成感染。

成人长期暴露在被污染的空气中可促进慢性阻塞性肺疾病的发生和扩展，导致其发病率和死亡率增加。居住在高污染地区的儿童与居住在相对清洁地区的儿童相比，呼吸道黏膜和鼻黏膜的超微结构均发生改变，呼吸道多种细胞受损及中性粒细胞增加，同时在细胞间隙中发现颗粒物会增多。健康成人志愿者暴露于浓缩大气颗粒物中后，可观察到肺部炎症反应，表现为肺泡灌洗液中性粒细胞上升、血液纤维蛋白原升高等。

霾和细颗粒污染物 PM2.5 损害健康的生理和生化机理主要是：颗

粒物进入肺组织，引起局部氧化应激和炎症反应，氧化应激可损害生物膜脂质、蛋白质和 DNA，与炎性因子共同作用导致呼吸道损伤，引起肺功能降低及呼吸系统疾病发生率增加以及血液流变能力改变。

## 6.1.2 支气管哮喘

雾霾天气时，大气污染程度较平时重，空气中往往会带有细菌和病毒，易导致传染病扩散和多种疾病发生。尤其是城市中空气污染物不易扩散，加重了二氧化硫、一氧化碳、氮氧化物等物质的毒性，将会严重威胁人的生命和健康。雾霾天气时，空气中飘浮着粉尘、烟尘，尘螨也可能存在于空气中，支气管哮喘患者吸入这些过敏原，就会刺激呼吸道，出现咳嗽、气闷、呼吸不畅等哮喘症状。

进入呼吸道的大气颗粒物可以刺激和腐蚀肺泡壁，使呼吸道防御机能受到破坏，肺功能受损，呼吸系统症状如咳嗽、咳痰、喘息等发生率增加，慢性支气管炎、肺气肿、支气管哮喘等的发病率增加，在儿童和呼吸系统疾病患者等易感人群中更为明显。

哮喘和慢性阻塞性肺疾病都是肺气管发炎引起的疾病。肺气管的防御系统包含了它的黏膜通路，在这里黏液细胞释放出的黏液能够捕获沉积颗粒。黏液和它所捕获的颗粒被纤毛细胞向前推进，之后或被排出或被吞没。此外，上皮细胞自身也能对受颗粒刺激而释放出的发炎介体作出反应。巨噬细胞同样存在于肺气管壁和表面，它们能吞噬颗粒和释放介体。肺气管壁内部是同样可以成为颗粒目标的平滑肌肉细胞和间叶细胞。

大量的颗粒沉积物也会沉积在纤毛肺气管末端以外，在这里空气

流量为零而且对于较小的颗粒,其沉积效率由于扩散沉积的高效而提高。在这些区域,巨噬细胞在驱除颗粒方面起到了最为重要的作用。巨噬细胞吞噬颗粒最终迁移到黏膜纤毛管道端口处并携带颗粒从肺部移出进入内脏。尽管由 PM10 引起的一些不利影响主要集中在肺气管,但除此之外,对心脏血管也有影响。

虽然目前研究还不能确立暴露在颗粒物中与哮喘发生之间的因果关系,但是颗粒物对儿童和成人哮喘的发生和症状的加重均有促进作用。

法国一项在六个城市 5 000 多名 10 岁左右的小学生中进行的有关哮喘及过敏症状发生的调查发现，在 PM2.5 高污染区，运动诱发支气管炎、遗传性过敏性皮炎、哮喘、遗传性过敏性哮喘的患病率均明显高于低浓度区。居住在高交通流量区域附近的儿童，喘鸣和过敏性鼻炎发生的危险性均升高。与交通相关的 PM2.5 浓度的增加与儿童哮喘门诊率的增加有关。

北京在 2008 年奥运会期间成人哮喘门诊率的降低与 PM2.5 浓度的降低有关。

与儿童哮喘相比，颗粒物污染与成人哮喘关系的研究相对较少，但两者之间的相关性也得到多数研究的证实。一项为期 11 年（1991—2002 年）的随访研究发现，非吸烟成人（18~60 岁）新发哮喘与居室外交通相关的颗粒物污染水平的增加有关。

成人哮喘患病率的增加与颗粒物污染有关，离污染源越近，哮喘的患病率越高，并呈现出剂量反应关系。以成人哮喘患者为研究对象的研究也发现颗粒物水平的增加与哮喘患者症状的加重、用药及入院率的增加有关。

## 6.2 空气污染与肺癌

原发性支气管肺癌简称肺癌，是最常见的肺部原发性恶性肿瘤，是一种严重威胁人民健康和生命的疾病。肺癌在20世纪末已成为各种癌症死亡的首要原因，目前发病率仍呈上升趋势。在我国肿瘤死亡回顾调查中表明，肺癌在男性中的常见恶性肿瘤中排第四位，在女性中排第五位，全国许多大城市和工厂矿区近四十年来肺癌发病率也在上升，个别大城市肺癌死亡率已跃居各种恶性肿瘤死亡的首位。

近几十年来，世界各国肺癌发病率均出现上升趋势，世界卫生组织年鉴表明：近几年，欧美国家肺癌高发，在统计的50个国家和地区中，肺癌居恶性肿瘤首位的有36个国家和地区。

美国男性肺癌发病率从1930年的4/10万升至1989年的74/10万，女性从3/10万上升到27/10万，分别上升了17.5倍和8倍。从20世纪50年代起，在美国男性中肺癌占恶性肿瘤死因的第一位，自1987年起女性肺癌也跃居美国恶性肿瘤死因的第一位。

在英国，肺癌占男性全死因的8.5%，占女性全死因的3.9%，占65岁以下肿瘤死因的20%。（1992年资料）

通过对我国全国不同污染状况的十一个市县1988—2002年肺癌发病率和死亡率概况进行研究，研究结果表明空气污染与肺癌发病率和死亡率密切相关。

1988—2002年全国十一个市县男性肺癌指标均值中，男性肺癌粗发病率最高的是上海，达75.8，其次为天津，为72.7；最低的是扶绥，其次为林州，其男性肺癌粗发病率分别为 9.5、10.8。最高值与最低值之间相差竟达近 7 倍，由此可知肺癌发病状况的地域性差异还是十分显著的。男性肺癌世界年龄调整发病率最高的是天津，数值为 62.2，其次为哈尔滨，数值为 58.1；最低的仍然是扶绥，其次为林州，其男性肺癌世界年龄调整发病率分别为 14.5、15.1。在全国十一个登记的市县中，男性肺癌粗死亡率值最高的是上海，值为 67.6，排在第二位的是天津，其男性肺癌粗死亡率值为 57.0；排在最后两位的分别是扶绥和林州，男性肺癌粗死亡率分别为 8.9 和 9.0。在十一个市县男性肺癌世界年龄调整死亡率的对比中，排在前两位的是哈尔滨和上海，值分别为 50.8、46.5，排最后两位的分别为林州和扶绥，男性肺癌世界年龄调整死亡率分别为 12.7、13.5（见表 6.1）。可以从图 6.1 中得到更为直观的 1988—2002 年全国十一个市县男性肺癌指标均值的对比状况。

**表 6.1　1988—2002 年全国十一个市县男性肺癌指标均值**

| 登记处 | 粗发病率 | 世界年龄调整发病率 | 死亡率 | 世界年龄调整死亡率 |
|---|---|---|---|---|
| 哈尔滨 | 55.9 | 58.1 | 47.6 | 50.8 |
| 北京 | 49.1 | 35.8 | 40.4 | 28.9 |
| 天津 | 72.7 | 62.2 | 57.0 | 40.5 |
| 上海 | 75.8 | 52.8 | 67.6 | 46.5 |
| 武汉 | 49.6 | 51.1 | 44.2 | 45.8 |
| 磁县 | 25.8 | 36.9 | 23.4 | 33.5 |
| 林州 | 10.8 | 15.1 | 9.0 | 12.7 |
| 启东 | 48.3 | 40.0 | 43.6 | 35.9 |
| 嘉善 | 52.1 | 44.5 | 46.3 | 39.8 |
| 长乐 | 15.8 | 24.2 | 15.6 | 21.4 |
| 扶绥 | 9.5 | 14.5 | 8.9 | 13.5 |

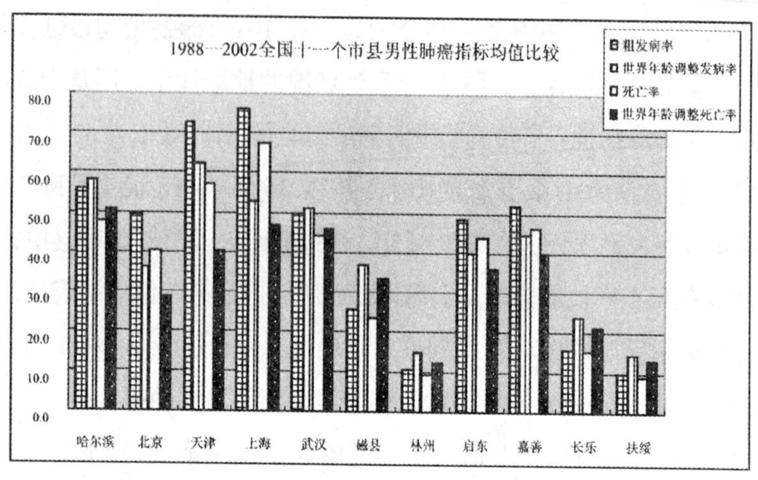


图 6.1　1988—2002 年全国十一个市县男性肺癌指标均值比较

1988—2002 年全国十一个市县女性肺癌指标均值中，女性肺癌粗发病率最高的是天津，达 54.6，其次为哈尔滨，为 33.5；最低的是扶绥，其次为林州，其女性肺癌粗发病率分别为 2.9、6.2，最高值与最低值之间相差达近 18 倍。女性肺癌世界年龄调整发病率最高的是天津，数值为 38.6，其次为哈尔滨，其值为 32.4；最低的仍然是扶绥，其次为林州，其女性肺癌世界年龄调整发病率分别为 3.6、7.4。在全国十一个登记市县中，女性肺癌粗死亡率最高的是天津，值为 41.5，排在第二位的是哈尔滨，其女性肺癌粗死亡率为 31.2；排在最后两位的分别是扶绥和林州，女性肺癌粗死亡率分别为 2.8 和 5.1。在十一个市县中女性肺癌世界年龄调整死亡率的对比中，排在前两位的是哈尔滨和天津，值分别为 30.8、29.1，排最后两位的分别为扶绥和林州，女性肺癌世界年龄调整死亡率分别为 3.4、6.2。由此可见，全国十一个市县女性肺癌指标均值在不同地区具有明显差距的同时，女性肺癌基本状况与男性也有着明显的差异，即男性肺癌发病、死亡状况显著高于女性（见表 6.2）。也可以从图 6.2 中得到更为直观的 1988—2002 年全国十一个市县女性肺癌指标均值的对比状况。

**表 6.2　1988—2002 年全国十一个市县女性肺癌指标均值**

| 登记处 | 粗发病率 | 世界年龄调整发病率 | 死亡率 | 世界年龄调整死亡率 |
|---|---|---|---|---|
| 哈尔滨 | 33.5 | 32.4 | 31.2 | 30.8 |
| 北京 | 33.1 | 21.7 | 28.6 | 18.2 |
| 天津 | 54.6 | 38.6 | 41.5 | 29.1 |
| 上海 | 32.2 | 18.8 | 29.1 | 16.4 |
| 武汉 | 17.4 | 15.3 | 14.6 | 12.7 |
| 磁县 | 13.5 | 16.1 | 11.8 | 14.1 |
| 林州 | 6.2 | 7.4 | 5.1 | 6.2 |
| 启东 | 16.5 | 11.8 | 14.9 | 10.6 |
| 嘉善 | 16.3 | 12.5 | 13.6 | 10.3 |
| 长乐 | 9.1 | 10.1 | 7.9 | 8.8 |
| 扶绥 | 2.9 | 3.6 | 2.8 | 3.4 |

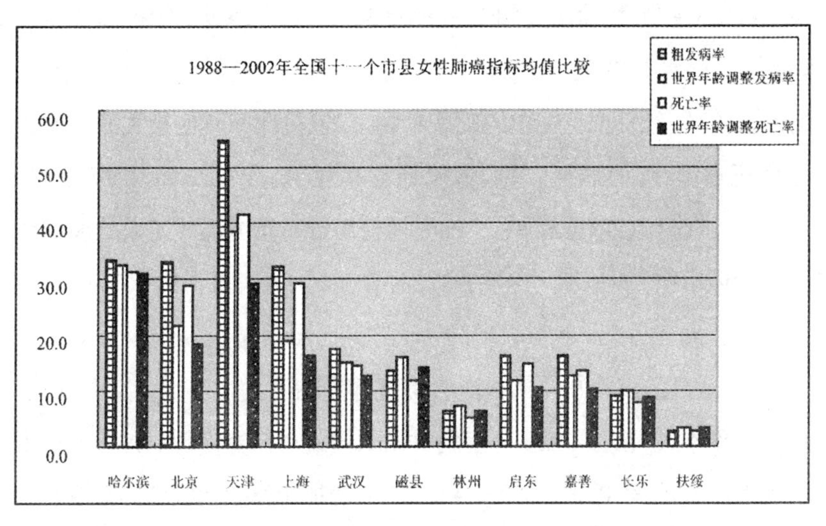


图 6.2　1988—2002 年全国十一个市县女性肺癌指标均值比较

钟南山指出，北京地区每年肺癌发病率增幅达2.42%，是所有地区肿瘤发病率增加最快的。其中朝阳区、丰台区和石景山区肺癌发病率最高，这和地区污染程度相符，说明灰霾与肺癌发病率存在关联。庄一廷对福州市1984—1993年大气环境污染状况以及肺癌死亡人数作了连续追踪监测，结果表明：肺癌死亡率与大气中总悬浮颗粒物、降尘呈显著正相关。井立滨等报道：大气中总悬浮颗粒物、二氧化硫的增加，导致疾病死亡率增加。

胡雁等对青岛市肺癌死亡率进行分析表明，青岛市区大气总悬浮颗粒物与肺癌死亡率增高有一定的相关性。陈士杰等利用灰色关联度模型，对整体人群的肺癌死亡率资料与大气总悬浮颗粒物年均浓度资料进行测算，结果显示，肺癌死亡率与9年前总悬浮颗粒物的灰色关联度最大，提示总悬浮颗粒物致肺癌的潜伏期为8年。Abbey等发现，非吸烟者暴露于PM10后，肺癌发病概率会很高。

目前对颗粒物的研究倾向于PM2.5，Pope等通过美国癌症协会收集的16年资料，涉及500 000名居住在大城市的美国人的死亡原因风险因素的调查，发现空气中的细颗粒物、二氧化硫和其他相关的污染物与总死亡率、肺心病死亡率、肺癌死亡率相关。PM2.5每增加10克/立方米，肺癌死亡率增加8%。Pike等曾用针对英国煤气工人的调查结果估计城市空气中多环芳烃的致肺癌作用，认为大城市中10%的肺癌病例可由大气污染（包括吸烟的协同作用）所引起。Jakbosson等研究认为：接触高浓度汽车尾气可能会促进肺癌的发生。

在日本进行的PM2.5与疾病关系的横断面研究发现，PM2.5水平与女性肺癌的发生呈正相关，PM2.5每增加10克/立方米，女性非吸烟者发生肺癌的相对危险度为1.10，其95%CI为1.02~1.18。同时考虑

吸烟与 PM2.5 的联合作用，PM2.5 每增加 10 克 / 立方米，女性吸烟者发生肺癌的相对危险度为 1.04，其 95%CI 为 1.01~1.10。

Michael Jerrett 等在洛杉矶的队列研究发现，控制了 44 个个体因素差异后，PM2.5 每增加 10 克 / 立方米，肺癌发生的相对危险度为 1.44。Elena Nerrlere 等在法国 4 个城市研究发现，每年由于长期暴露在 PM2.5 中而导致的肺癌病例数波动在 12~303 例，4 个城市的肺癌死亡率与 PM2.5 的相关性波动为 8%~24%。

空气动力学当量直径小于或等于 0.1 微米的颗粒物称为超细颗粒物，可直接被肺泡壁吸收，潜在健康危害更大，正逐渐引起学者的重视。Peter S Vinzents 等对 15 名非吸烟的志愿者进行研究，认为超细颗粒物与 DNA 嘌呤氧化有关，但目前对超细颗粒物的流行病学研究较少。

根据我国医院统计，肺癌患者增长人群主要集中在 50 岁以上。但是最近几年，增长率最快的是 3~50 岁的人群。华东地区年龄最小的肺癌患者仅 8 岁，发病与空气中的 PM2.5 有关。这名 8 岁女童患肺癌的原因是家住在马路边，由于长期吸入公路粉尘，才导致癌症的发生。雾霾的危害机理主要是因为 PM2.5 会沉积在肺部引起炎症，从而引起一些恶性病变。

复旦大学公共卫生学院阚海东教授表示，肺癌的潜伏期从几年到几十年不等，年龄小的孩子患肺癌，很可能和遗传因素、基因突变有关。不过，和成人相比，儿童的身高决定了其受汽车尾气以及马路粉尘的影响确实更大，这是得到医学界共识的。因为儿童的呼吸带正好处于尾气高度附近，同时儿童单位体重的呼吸暴露量比大人高，导致其易感染性更高，所以受尾气、雾霾等污染气体的影响更大。再加上儿童的身体各器官没有发育完全，污染气体侵袭造成的伤害也更大。

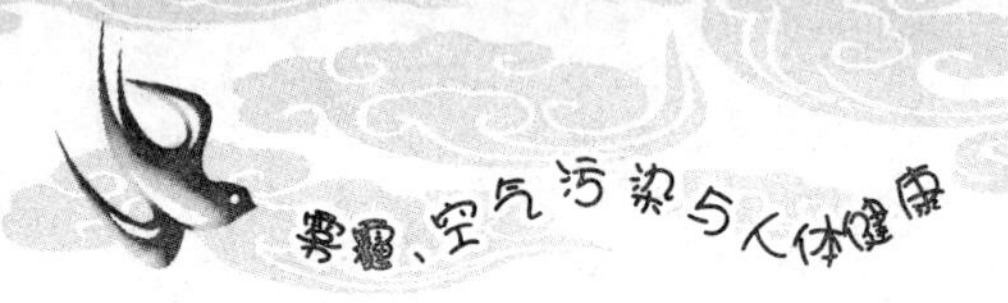


不论在西方国家，还是在中国的上海、天津等大城市，肺癌均为最常见的恶性肿瘤之一。我国自20世纪50年代有资料以来，肺癌发病率一直直线上升。其中城市女性肺癌的发病率和死亡率在世界上属最高之列。根据卫生部发布，中国14个大城市女性肺癌平均死亡率从1984年的20/10万稳步上升至1996年的28/10万，年均上升3.3%。

近20年来，肺癌发病率呈上升的趋势在女性中更为明显。美国旧金山湾区黑人和日本大阪及中国天津的肺癌发病率上升较大。女性肺癌发病率在20年期间多数地区呈上升趋势，特别是在中国天津和美国旧金山湾区的黑人和白人。中国上海和香港女性肺癌发病率也呈上升趋势。新西兰毛利人和美国的一些地区肺癌发病率在全球均属高发地区。在世界范围内的183个有肿瘤发病率登记的地区人群中，中国上海、天津、启东及香港男性肺癌发病率分别为第73位、第74位、第127位和第23位；女性分别为第52位、第13位、第102位和第23位，中国天津也属肺癌高发的地区。从全球看，不论高发地区还是低发地区，也不论男性还是女性，肺癌发病率均在升高或相对不变。可以预测，由于全球性的环境污染和吸烟问题近期不能解决，肺癌发病率将会进一步升高。

## 肺癌成为天津人第一大癌　一过40岁风险迅速上升

“若以发病率和死亡率来排名的话，在天津无论男性还是女性人群中，肺癌都位列第一。”世界卫生组织不久前发布最新版《世界癌症报告》称，2012年中国的癌症发病个案几乎占了全球一半，而肺癌又是“癌中之王”。从天津市肿瘤医院获悉，在天津市的癌谱中，肺癌高居榜首。

**天津的癌谱 不论男女肺癌都排第一**

据了解，天津市男性癌症发病率前三位分别是肺癌、胃癌和肝癌，女性是肺癌、乳腺癌和大肠癌。对男性而言，肾癌、肺癌、大肠癌发病率均呈上升趋势，其中肾癌上升幅度最大，累计上升111.72%；女性的胰腺癌、乳腺癌、卵巢癌发病率也在上升，其中胰腺癌上升幅度最大，累计上升49.28%。

“从目前的情况来看，天津市的肺癌发病率、死亡率和现患者数均居全国较高水平。”中国抗癌协会肺癌专业委员会主任委员、天津市肿瘤医院肺癌中心主任王长利教授介绍说，肺癌位居全国肿瘤登记地区恶性肿瘤发病第一位，全国肿瘤登记地区肺癌的发病率53.57/10万，像天津这样的大城市，发病率能达到农村的15~20倍。

资料来源：北方网 http://www.enorth.com.cn 2014-02-10 07:43

## 6.3 吸烟与人体健康

### 6.3.1 被动吸烟（二手烟）

被动吸烟亦称二手烟，是指在室内吸取燃点烟草时随着烟雾释放出来的物质，是一种被动吸烟方式，也是目前危害最广泛、最严重的室内空气污染。

二手烟既包括吸烟者吐出的主流烟雾，也包括从纸烟、雪茄或烟斗中直接冒出的侧流烟。吸烟者每吸一口烟分吸、停、呼三步：吸气时，将烟支燃烧产物全部经口吸入体内，这股烟气称为主流烟；停吸时，烟支

自行燃烧产生众多化学物,散发到环境中,这股烟气称为侧流烟;呼气时,吸烟者将部分吸入的烟气从口中呼出,扩散至环境中,这股烟气则是主流烟的一小部分。环境香烟烟雾就是由侧流烟和吸烟者呼出的部分主流烟组成。

主流烟和侧流烟虽出自同一支烟,但因它们的形成条件有很大不同,故其化学成分和数量差异极大。主流烟燃烧温度高达900摄氏度,富氧、多蒸馏、偏酸性,而侧流烟燃烧温度为600摄氏度,贫氧、多还原、偏碱性。无论主流烟还是侧流烟均含有几千种化学成分,其中致癌物达几十种,但两者相比,侧流烟更具毒性。例如,每点燃一支香烟后,侧流烟中一氧化碳、烟碱和强致癌性的苯并芘、亚硝胺的含量分别为主流烟含量的5倍、3倍和4倍、50倍。

研究显示,二手烟可以导致多种致命疾病。

①癌症:包括肺癌、鼻窦癌、乳癌。

②心脏病、中风等循环系统疾病:因二手烟会令血管受损及破坏动脉的正常凝血机制,导致血管硬化及阻塞。除心脏病外,非吸烟者死于中风的风险与同住或同工作场所的吸烟者数成正比例。

③糖尿病:统计显示,二手烟跟吸烟都会增加胰岛素抵抗,也就是糖尿病风险。

④肥胖:统计显示,当吸烟者的体重较轻时,二手烟受害者却易发胖。

⑤肾脏病:二手烟的成分会刺激血管收缩、造成肾脏血液供应不足;二手烟会增加高血压和糖尿病风险,而肾脏病正是这两种疾病的并发症。

⑥呼吸系统疾病:哮喘、中耳炎、下呼吸道感染、呼吸道刺激症状。

⑦影响怀孕及胎儿发育：流产、婴儿出生体重不足、婴儿猝死综合征。

⑧对眼睛及呼吸系统的刺激：使眼部不适，产生喉咙痛或咳嗽等症状。

城市和农村人群接触二手烟的比例分别为49.7%和54.0%，农村高于城市。有20个省市区50%以上的人接触二手烟，其中青海、甘肃、山西、陕西、吉林、内蒙古等北方地区比例高于60%。

被动吸烟的主要受害者是妇女和儿童，尽管她们自己并不吸烟，但经常在家庭、公共场所遭受他人的二手烟。除此之外，职场、会场等也经常会成为二手烟泛滥的场所。虽然没有直接吸食香烟，可是吸入体内，仍能对身体造成危害，甚至比吸烟者的危害更大。

报告显示，被动吸烟人群中，82%的人在家庭中、67%的人在公共场所、35%的人在工作场所接触二手烟。其中，因年龄、性别和职业的不同，市民在各类场所接触二手烟的比例也不同。被动吸烟的女性90%是在家庭中接触二手烟。20岁至59岁男性在公共场所和工作场所接触二手烟的比例最高。

每日和吸烟者在一起呆上15分钟以上，吸“二手烟”者的危害便等同于吸烟者。肺癌患者有75%因素最后追究到吸烟上。每个人身上都有“原癌基因”，这种基因使人在胚胎时期能够生长，但其应该在适当的时候停止起作用，否则人就容易得癌症，而吸烟可以使得这种基因再次开始起作用从而导致癌症。让人惊心的是，专家发现吸“二手烟”的危害几乎等同于吸烟。专家提醒，吸“二手烟”的危害不容忽视，不吸烟者和吸烟者一起生活或者工作，每天闻到烟味一刻钟，时间达到一年以上的危害等同于吸烟。

被动吸烟是颇有争议的肺癌危险因素之一。国外曾有研究证明，大量被动吸烟同每日吸几支烟的暴露量相等。被动吸烟肺癌发病率高于不吸烟者2倍以上。

为了最大限度地降低二手烟对人们身心健康的危害，立法是禁止在公共场所吸烟的关键措施。很多国家禁止吸烟的公共场所已从公共交通工具、电影院、展览馆、购物中心、银行、学校、医院等，逐步扩展到办公场所（包括政府办公楼、公司的写字楼等），又进而扩展到大众餐饮娱乐场所（包括餐厅、酒吧、夜总会、按摩院等）。

### 6.3.2 吸烟的危害

吸烟已经被公认为是肺癌发生的首位原因，而且证明与吸烟开始年龄、吸烟年数、每天吸烟支数、烟的种类均有相加关系。实验证实，从纸烟的烟雾或烟油中，已检出3 600种以上物质，其中苯并芘、放射性元素、砷、钼、霉菌等都为致癌因子。日本国立癌症中心的平山雄指出，1支烟的致癌危险性相当于放射线的1~4毫拉德，吸烟者发病率较不吸烟者高10倍以上，而戒烟则可以降低患肺癌的概率。在欧美，吸烟占男性肺癌病因的90%左右，女性病因的79%。在我国，吸烟是男性肺癌的主要危险因素，香烟消耗量的增加是男性肺癌上升趋势的重要原因，许多研究已经证实：人均香烟年消费量与20年后的肺癌死亡率（发病率）呈密切相关。所以我国现在肺癌发病率的迅速上升，可能正反映20世纪70年代后我国香烟消费的迅速上升。据统计我国人均香烟消费量已居世界首位，而且是世界上仅有的六个人均香烟消费量仍持续上升的国家之一。如果这种趋势继续不变，则肺癌的上升趋势将持续到2020年后。到那时我国有可能成为世界上肺癌发病率最高的地方。在我国，女性肺癌发病率与吸烟关系不如男性密切，吸烟只能解释肺癌病因的24%~35%。已证实女性肺鳞癌的发生与吸烟关系非常密切，但女性肺腺癌与吸烟关系较弱，近年来随着女性肺癌及腺癌发病比例的上升，可能提示环境危险因素特性有了新的变化。

根据美国疾病防治中心（Center for Disease Control and Prevention或CDC）的统计，美国有4 700万的吸烟人口，每一年与吸烟有关的死亡人数超过43万，而全球每年大约有350万人因为与吸烟相关的疾病而死亡（平均每天约1万人），且经世界卫生组织的推估，到了2025年，此数据将增加至1 000万人。除此之外，吸烟年龄层的下降也让人忧心，全球青少年每天有8万~10万人成为瘾君子。由以上的数据可了解吸烟对人类所造成的毒害已远高于人类历史上任何其他有害物质。

环境香烟烟气中含有多达4 000种以上的化学物质，其中有200种以上是具有人体危害性的（如氮氧化物、氨气、甲醛、一氧化碳、异氰酸甲酯、尼古丁等），而其中至少有40种与癌症的形成有关（如亚硝胺类、苯、氯乙烯、砷、镉、放射性核种等）。这些物质有些以气态，而有些以吸附于微粒态的形式（此类称为可吸入性的悬浮微粒物质，ETS）散布于空气中，并被吸入体内。有关ETS对人体的危害可分为致癌、慢性呼吸道疾病、心脏血管病变、发育障碍、生殖毒性等多方面的影响，而相关的研究调查报告则不胜枚举。

世界卫生组织的国际癌症研究机构（International Agency for Research on Cancer，IARC）将吸烟归类为已确认的人类致癌因子（第1类），而吸烟所产生的焦油中所含的多环芳香烃化合物为致癌作用最

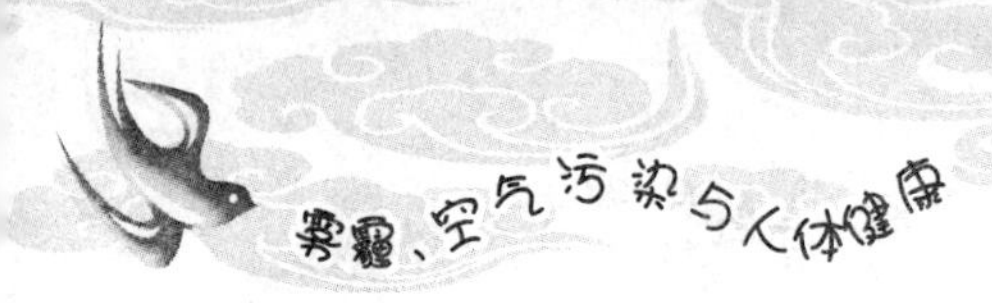


强的物质，其中苯并芘含量为5~80纳克/根。不同含量的戴奥辛也可在香烟烟气与烟丝中被检出。香烟烟气另含有一些肿瘤形成的促进因子，如酚类与一些脂肪酸类等，会增加肿瘤起始因子的致癌作用。其他物质如镉、甲醛、苯等皆被认为具有致癌性，而ETS所产生的致癌毒害为这些不同致癌物（但不包括尼古丁，因其并非致癌物）的综合效应。

吸烟是造成肺癌的第一大主因，但除造成肺癌外，其亦能引发其他不同部位的恶性肿瘤，较显著的包括口腔、喉部、鼻、胃、肾脏、胰脏、膀胱等。流行病学相关的调查结果指出，一天一包烟的吸烟者罹患肺癌的概率为不吸烟者的4~5倍，而每10人中至少有1人可因此而患肺癌而死亡，且其配偶患肺癌的概率为一般妇女的3~4倍。研究也显示吸烟者与非吸烟者罹患各种癌症死亡的相对比例为：肺癌与支气管癌4.5~15.9倍、喉癌6~13.6倍、口腔癌2.8~13倍、食道癌1.7~6.6倍、胰脏癌1.6~6倍，而吸烟妇女患宫颈癌的概率则是不吸烟者的两倍。据估计全美每年约有3 000个非吸烟者是因吸二手烟罹患肺癌而死亡的。

ETS对人体肺部功能具有相当大的影响，会产生如肺气肿、慢性支气管炎等慢性阻塞性肺部病症（COPD）。肺气肿患者的肺泡壁遭烟毒破坏后，肺泡呈永久、不可复原性的扩张，使体内废气无法有效地从肺泡排出，肺脏因而无法获得足够的新鲜空气，导致患者呼吸困难，经常处于缺氧的状态，而同时也造成抵抗力减弱，严重者同时会造成工作能力丧失。慢性支气管炎患者因气体交换功能受阻，常处于缺氧状态。严重者的血液到达肺血管组织时，会遭到较大的阻力，导致右心室负荷过重，并造成心肺功能的降低。在无明显的呼吸障碍时，吸烟者的肺功能通常比非吸烟者差。研究也指出吸烟妇女的小孩，其肺功能较一般小孩差，且发育较慢。ETS会引发或加重非吸烟者原有的呼吸道疾病

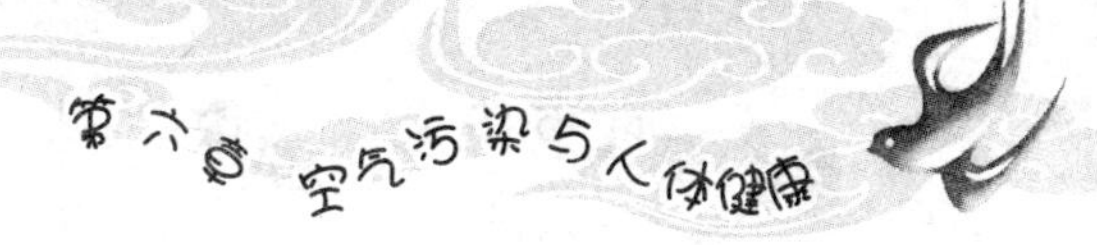


如气喘，或者产生刺激作用使其咳嗽、鼻水增加、胸部不适或呼吸功能降低。美国环保局（USEPA）估计全国每年有15 000~30 000位年龄小于18个月的孩童或婴儿是因为暴露于ETS而导致支气管炎或肺炎，而其中有7 500~15 000位须送医就诊。ETS对肺部功能的影响也有性别上的差异：一般而言，年轻女性较同龄男性敏感。

香烟燃烧可产生一氧化碳。吸入肺部的一氧化碳会与血液中的血色素结合，因此妨碍正常血色素与氧的结合功能，影响血液对氧气的运送，并造成组织的缺氧。吸烟者血液中的一氧化碳－血红素量平均约为5%，此值约为正常人的五倍。

ETS也被认为是心脏病或其他血管病变的致病因子之一，其中产生作用的主要化合物为尼古丁、CO与多环芳香烃。这些物质以及其他一些化合物能增加血小板的凝血作用并降低高密度脂质蛋白（俗称好的胆固醇）的含量并导致血管的阻塞或血管壁的损害，而此两者皆是造成心肌梗塞、动脉硬化与中风的主因。ETS会影响外围微血管的血流，进而导致下肢组织的缺氧。

吸烟也影响生殖与发育，可能会导致不孕或流产、死产、早产概率的增加。研究指出妇女在怀孕期间吸烟或暴露于ETS，较之不吸烟者流产率增加2~3倍。也有研究指出ETS亦会造成男性精子数的减少与性能力减退等生殖障碍。ETS对胎儿也有极不良的影响。孕妇吸烟将使胎儿处于较为缺氧的状态，再加上尼古丁会使血管收缩，造成胎盘血流量的减少与养分的供给较不足，而导致其发育速度的减缓。此类因吸烟（或暴露于ETS）所造成胎儿生长迟缓（出生后体重不足）与出生后智能、行为、情绪异常的影响称为“胎儿香烟症候群”。吸烟妇女产出“不明原因”智障儿的概率可高达50%。胎儿出生后若持续暴露

于ETS也会增加其猝死的概率，因其肺部功能（出生前与后）受影响。因此，ETS被认为是造成“婴儿猝死征”的主因之一。ETS也导致幼儿较易发生中耳炎、上呼吸道感染、肺炎或支气管炎等疾病。长期暴露于ETS还能导致视力衰退、白内障、骨质疏松、声带受损、皮肤快速老化与皱纹的产生。

ETS或吸烟的毒害是不容置疑的，全球不同国家的卫生组织与团体也将其认定为公共与个人卫生问题的最大挑战。吸烟所导致的疾病使得社会或个人必须付出庞大的医疗费用，再加上其他连带的负面效应（如造成火灾、环境脏乱等），其对整体社会成本的支出已远超过其他人类文明的产物。

## 6.4 空气污染对心脏、循环系统的影响

PM2.5污染引起心血管疾病发病率和死亡率增高的心血管事件主要涉及心率变异性改变、心肌缺血、心肌梗死、心律失常、动脉粥样硬化等，这些健康危害在易感人群中更为明显，如老年人和心血管疾病患者等。

心血管病死亡是PM10有害健康的一个重要表现方面。国际环境流行病学领域近几十年的研究已经证实，长期或短期暴露于细颗粒物PM2.5中可导致心肺系统的患病率、死亡率及人群总死亡率升高。美国一项长达16年（1982—1998年）的队列研究跟踪随访了50万名研究对象，发现PM2.5浓度每升高10微克/立方米，冠心病的入院率升高1.89%，心肌梗死入院率升高2.25%，先天性心脏病发病率升高

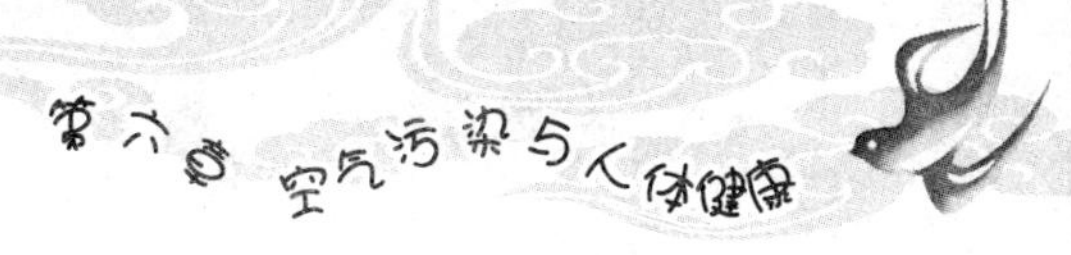


1.85%，呼吸系统疾病危险度升高 2.07%，心肺疾病可增加 6%，其 95%CI 为 2%~10%。

在该研究的后续分析中，分别将生态协变量和空间自相关纳入分析，发现了更强的危险比，在缺血性心脏病中表现得更为明显。

我国北京市大气 PM2.5 浓度的升高与人群心血管疾病发病危险性和急诊率的增加有关；在沈阳市和广州市的调查研究发现，PM2.5 污染与人群总死亡率、呼吸系统疾病及心血管系统疾病死亡率均呈正相关，在 65 岁以上的老年人群和女性人群中更为明显。

人群流行病学队列研究发现，长期暴露于大气颗粒物污染与人群亚临床动脉粥样硬化进展有关，具体表现为人群颈动脉中膜厚度的增加。

正常情况下，人体心脏节律会随身体状况和昼夜交替而改变，这种心率的规则性变化称心率变异性（Heart Rate Variability，HRV），HRV 降低可增加人体心血管疾病发病的风险。一项以北京市年轻健康出租车司机为研究对象的定组研究，追踪了 HRV 水平在 2008 年奥运会前、中、后不同时期的变化，结果显示对机动车来源 PM2.5 的暴露浓度增高可导致研究对象 HRV 明显降低，而奥运会期间 PM2.5 暴露浓度的下降则可扭转这种不利影响，使研究对象的 HRV 显著升高。

国内近期的一项健康人群心血管生物标志物对 PM2.5 污染水平改变的早期和持续反应研究显示，当一群健康青年人从郊区校园迁至城区校园后，其血压、炎症生物标志物及同型半胱氨酸水平整体呈明显上升趋势，而凝血生物标志物水平整体呈降低趋势。

另一研究发现，采暖期室外 PM2.5 暴露可引起健康老龄人群的 HRV 降低，进一步探究发现碳质组分与该效应有关，且该效应机制独立于心肺组织损伤，可能与颗粒物直接刺激肺部的自主神经系统

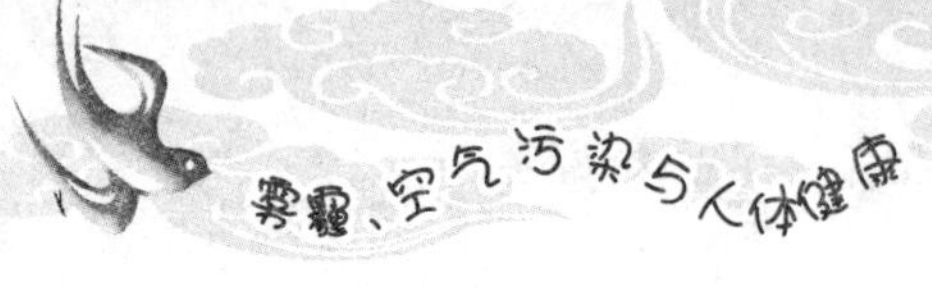


有关。

进入循环系统的颗粒物可对心肌细胞产生直接毒性作用，如颗粒物引起的活性氧对心肌系统可造成氧化损伤，颗粒物可干扰心肌细胞的钙离子通道等，导致心肌细胞电信号传导及节律性的异常。

心脏病发病时冠状血管和中风时脑微脉管系统中产生了血液的凝结。同时，吸入肺里的颗粒带来的直观影响是可以理解的。但是对于PM2.5造成心血管疾病（中风和心脏病）死亡数量的增加是最让人难以理解的问题之一，甚至有人认为是夸大其词。

PM2.5造成心血管疾病的机理是：局部肺部感染能够被转化为提高前凝因子的条件以利于冠状和大脑微脉管系统的止血。这些条件可以分别促进心脏病和中风的发生。两种机理给出了合理的解释：一个是肝脏和肺部产生前凝因子的增加，另一个是PMN变形性的降低。

人体肺部吸入PM2.5引发炎症的可能是增加的，这会通过在肺中局部产生凝结因子或者肺部介体对肝脏的作用从而影响到凝结系统，原因都是提高凝结因子的水平。流行病学研究结果表明，处于高污染的种群血液黏度会有所增加，其中纤维蛋白原对血液黏度起主要贡献作用。

肺部微循环的一个独特的特点是循环血液和末梢空间很接近，这会通过毛细管膜使空间中的发炎介体很容易进入血液。最近一项研究表明，在空气污染时血浆黏性会增加，证实了在接触能影响血浆的粒子后肺部会发出信号。作为移入空间的前驱物，嗜中性粒细胞在肺部毛细管中的变形能力是其在肺部开始螯合的影响因素。发生在吸烟或慢性肺部疾病恶化时的肺部炎症，增强了嗜中性粒细胞在肺部的螯合作用，就像通过氧化剂来降低细胞的变形性。这样，由氧化剂产生的超细粒子沉积在末梢空间,同样能够增强嗜中性粒细胞在肺部的螯合作用,所以也对肺部开始发炎产生了影响。另外,作为对肺部发炎的反应,嗜中性粒细胞变形性的降低会引发细胞在肺部微循环系统的过渡,或者从骨髓中释放变形性低的细胞。

进入循环系统的颗粒物及系统炎性标志物还可引起血管内皮功能受损,表现为活性氧的产生增加,血管收缩因子内皮素-1、组织因子等的释放增加,而血管舒张因子一氧化氮和血管缓激肽的释放减少,这些效应可进一步引起血管舒缩功能异常、外周血压升高,增加心血管事件的发生风险。

在肺部超细粒子沉积之后,会出现发炎、氧压以及其反应基因的增多。初步研究发现,老鼠吸入超细粒子会增加血浆中 VII 因子的水平,而研究表明 VII 是人群心血管疾病的一个风险因素。

VII 因子的多态性既会影响到 VII 因子抗原的血浆浓度和酸度,也会增加心肌梗塞的可能。VII 因子和组织因子含有的信使 RNA,在凝结物中也存在,同时也在肺泡吞噬细胞中得到证明。而且这些细胞能在生物体外合成 VII 因子。这样,肺部的局部发炎和肺泡吞噬细胞的活化会引起局部普遍释放前凝因子,而后因子进入血液起到综合的作用。

## 6.5 石棉、重金属空气污染与人体疾病

某些工业部门和交通部门向大气中排放重金属,空气中的重金属通过呼吸道进入人体后致癌作用很强。金属中存在放射性和表面癌原

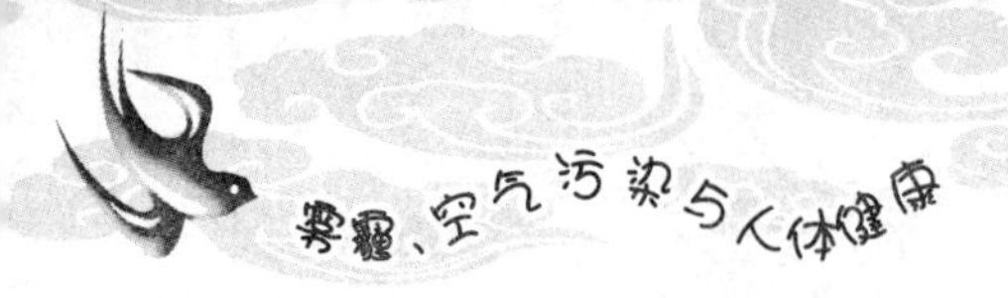


性的非特性致癌物。重金属易与核酸分子的嘌呤碱基中的羟基、氨基反应,某些离子能抑制DNA修复有关的DNA聚合酶。

当空气中砷达到一定浓度并有铜和锌等混存时,肺癌的死亡率明显上升。长期吸入锑粉尘或锑烟雾的锑冶炼工人,肺癌发病率高,潜伏期近20年。在高暴露的人群中,铀元素可增加患肺癌的危险。

石棉主要是由两种纤维状硅酸盐矿石——蛇纹石与角闪石分离出的纤维体(fiber)。不同类型的石棉具有不同的强韧、耐热、抗腐蚀、耐磨、隔热、电绝缘的特性,并被用于建筑、电气、一般工业、医学、防火器材等不同用途,作为摩擦物质的成分、内用充填物、刹车器和离合器来令片、石棉纸、乙烯基和沥青地板产物中的增强物质、水泥管或板的增强物质、表面覆盖和密封物的增强剂、电和热绝缘物质、弹性绳索和束帆索的增强添加物、防火防腐物质、防火衣的纺织品成分、工业用滑石粉成分、工业用润滑剂的添加物等,因此其用途相当广泛。

由于石棉的危害性逐渐地被发现以及重视,全球的使用量在近年来已日渐减少。以美国为例,在1984年的消耗量约为22万吨,但在1994年时仅为3.3万吨,而1997年的统计仅为2.1万吨。

虽然石棉并不溶于水亦不具有挥发性,但其细微的纤维(长度一般为0.2~2微米,宽度为0.05~0.5微米)仍可被发现存在于一般空气或饮用水中。一般空气中石棉的来源可能包括石棉矿的风化或者因人为的采矿以及使用含石棉物质产品(如刹车片、绝缘物等)的分解释出。一般室外空气中石棉的浓度皆不等,可从0.1纳克/立方米到100纳克/立方米,而在室内的浓度则与污染源有直接的关系,通常含石棉的隔热材料(如水管包覆物、天花板、地砖等)是最主要的排放源。在一些与石棉有关作业场所的工人,其经由空气吸入的每日暴露量也可能远高

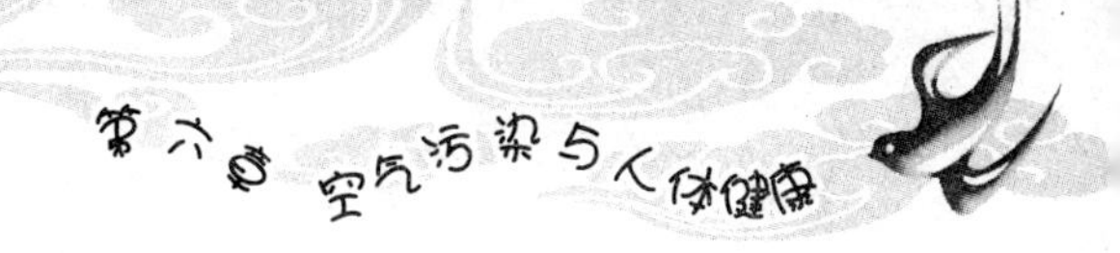


于一般人。

石棉被公共卫生专家认为是20世纪最严重的职业病害因子之一，估计全球每年因暴露于石棉而死亡的人数可达8 000~10 000人。石棉对人体肺部的危害早在1906年的英国即有记录，但直至20世纪60年代的中期，石棉对职业暴露者的致癌性才被确认。暴露于石棉所造成的三种较重要的危害分别为石棉肺、肺癌、间皮瘤。石棉肺是指患者因长期吸入石棉纤维，产生呼吸道变窄以及肺部组织不可复原的纤维化作用，而造成其失去延展性。患者通常有呼吸喘促、疲累、心肺功能降低等症状，严重者则因呼吸困难或心脏不堪负荷而死亡。

石棉能提升其他致癌物的致肺癌作用，尤其是吸烟，此两者具有毒理上的协同效应。患肺癌的石棉工人大都有吸烟的习惯，其致癌概率远高出不吸烟者或非暴露于石棉者。已产生石棉肺且烟瘾较大的石棉工人患肺癌的概率更较非吸烟且非石棉工人高出50倍。

胸膜间皮瘤是相当少见的恶性肿瘤的一种，一般仅在长期暴露于石棉的状况下才会产生。石棉所引发的胸膜间皮瘤会有呼吸短促、疼痛等症状，而患者通常在病发的数月（至多2年）内即可能死亡。石棉还会引起腹膜间皮瘤。间皮瘤的产生与吸烟并无关联性。石棉应为石棉工人患间皮瘤的主要致癌因子。

石棉产生的危害性与其种类、暴露在其中时间长短、患者吸烟与否等因素有关。石棉纤维的大小（长度与直径）是决定其毒害的最主要因素，一般而言，长纤维（长度大于5微米）所产生组织的损害较短者为高，而直径（或宽度）较小者通常与间皮瘤有关，而直径较大者则与肺癌的形成较有关联性。石棉的另一毒害特性为延迟作用，暴露于石棉中至产生毒害症状的潜伏期有时可长达20~40年。

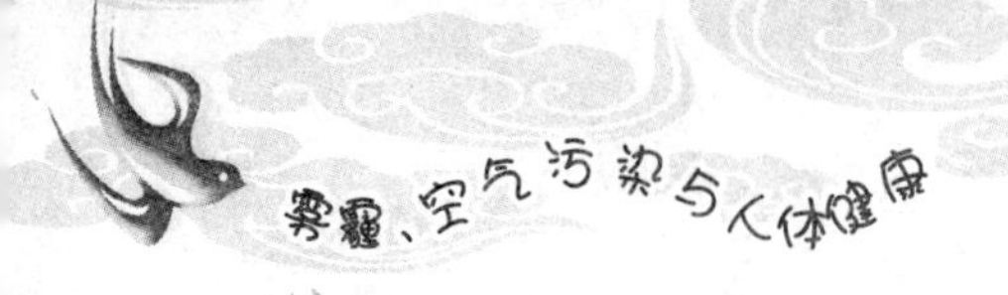


## 6.6 空气污染影响生殖或致胎儿畸形

日前，中国社科院联合中国气象局发布《气候变化绿皮书》，报告称雾霾天气影响健康，除众所周知的会使呼吸系统及心脏系统疾病恶化等，还会影响生殖能力。这一说法引发网友热议。

近年的研究发现，颗粒物能够引起遗传性 DNA 损伤，即生殖细胞的 DNA 损伤可遗传至下一代。

PM2.5 可对染色体和 DNA 等不同水平的遗传物质产生毒性作用，包括染色体结构变化、DNA 损伤和基因突变等。PM2.5 的遗传毒性至少与 500 种有机物有关，包括总多环芳烃、致癌性多环芳烃、芳香胺、芳香酮、重金属及其协同作用。

PM2.5 对遗传物质的损伤与其产生活性氧的能力有关（羟自由基和超氧阴离子）。燃烧来源的颗粒物中多含有致突变物和致癌物（砷、多环芳烃、苯等），可损害遗传物质和干扰细胞正常分裂，同时破坏机体的免疫监视功能，引起癌症和畸形的发生。PM2.5 与机体作用产生的活性氧可对 DNA 造成氧化性损伤，导致 DNA 链断裂或其他氧化性损伤，DNA 氧化损伤产物 8- 羟基脱氧鸟苷含量的增加与癌症的发生呈正相关。

上海交通大学附属仁济医院研究团队对上海男性不育进行了长达 10 年的研究证实，环境日趋恶化，男子精液质量每况愈下。在上海各大医院的生殖门诊里，男性因无精、少精、弱精、精子畸形导致不育的越来越多。不孕不育已成为影响人类健康的第三位疾病，仅次于肿瘤、心脑血管。

与此相似，国内外很多数据显示，环境因素可能造成不孕不育。加拿大曾经做过一个试验，工作人员将同时生出来的老鼠分别放在城市和乡村喂养。结果发现，城市里的老鼠活得短，生育能力下降，而在乡村中成长的老鼠不仅寿命长，生育能力也很强。据专家介绍，雾霾中的PM2.5 小颗粒，不光是粉尘，还有烟尘，包括汽车尾气、工业排放的废气等，这些物质都含有很多环境污染毒素，学术统称为环境污染雌激素，可以通过多种途径吸收侵入人体。

## 6.7 多环芳香烃污染与汽车尾气

碳氢化合物又称为烃。一般分为饱和烃与不饱和烃。饱和烃称为烷，不饱和烃分别称为烯和炔。烃有直链烃和芳香烃。从物质状态来分，烃类化合物有气态、液态和固态三种，碳链短的如甲烷、乙烯等在常温下呈气态，稍长一些的如汽油、煤油则呈液态，更长的可以呈固态。

碳氢化合物排入大气主要是由汽车尾气中没有充分燃烧的烃类（如汽油、煤油、柴油等）以及石油化工工业裂解石油时排出废气所致。全世界每年由人为因素排入大气的烃类约 9 000 万吨。随着汽车保有量的增加，汽车排放在人为排放一氧化碳、氮氧化物和碳氢化合物中所占的份额越来越高。

烃类作为污染物质，主要是由于它们与光化学氧化剂的产生有关，高分子量有机物（如燃料）在 600 摄氏度左右的温度下燃烧（尤其是不完全燃烧）极易形成各种多环芳香烃类化合物。

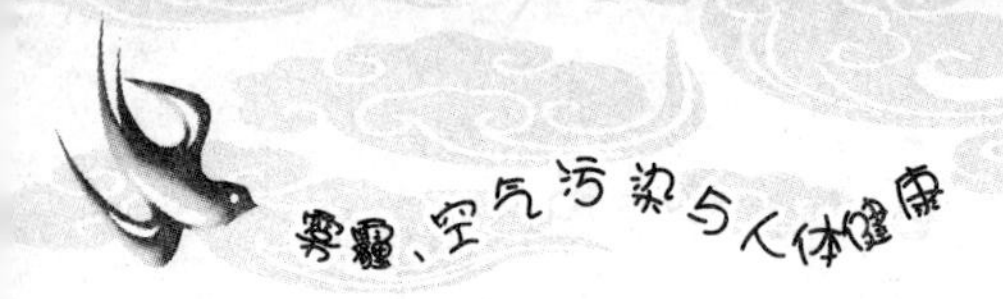


大气中大部分多环芳香烃是人类生活和生产活动过程中燃料的不完全燃烧产生的，城市里尤其严重，城区 PM2.5 中来源于机动车尾气的碳质含量明显高于郊区。

可能产生各种多环芳香烃的污染源包括汽机车废气、生活炊烟（油烟、烧烤油炸排烟）、香烟等，它们可能以气态或吸附于粉尘的状态存在于空气污染物中，苯并芘不易分解且具有生物累积的特性，多环芳香烃的立即毒性不大，但它们普遍对肝、肾有伤害性，部分对眼睛、皮肤具有刺激性。

在城市，交通运输是向空气中释放多环芳香烃的主要附加来源。在空气中，多环芳香烃主要附着在小微粒上，20 世纪 60 年代在欧洲的一些城市苯并芘的年均浓度高于 100 纳克 / 立方米。发达国家通过 30 年的努力改进燃烧工艺，在车辆中加入接触反应炉并且用石油和天然气取代煤作为能量来源使多环芳香烃浓度有了明显减少。乡村地区的苯并芘浓度低于 1 纳克 / 立方米，而城市地区和交通繁忙的地区浓度为 1~10 纳克 / 立方米。冬天苯并芘的浓度高于夏天。在哥本哈根，一条繁华街道旁的一个加油站里苯并芘的平均浓度是 4.4 纳克 / 立方米。

在数以百计的多环芳香烃中，苯并芘是最出名的，它经常作为空气中存在多环芳香烃的标志。多环芳烃中有不少是致癌物质，如苯并（a）芘就是公认的强致癌物，它是有机物燃烧、分解过程中的产物。除了这些经典的多环芳香烃，大量的杂环芳香化合物（例如咔唑、吖啶等），还有派生物（例如硝基多环芳香烃和氧化多环芳香烃等），都能由有机化合物的不完全燃烧和空气中的化学反应生成。这些不同的重要来源的贡献很难估计出来，而且国与国之间的情况有所不同。固定的

来源占了整个多环芳香烃释放的很大比例。

已有多种多环芳香烃被鉴定出具有致癌性，特别是美国 EPA 公布的 16 种优控多环芳香烃，有些为强致癌性化合物。多环芳香烃本身并无毒性，但其进入机体后经过代谢活化呈现致癌作用。多环芳香烃亦可和臭氧、氮氧化物、碳酸等反应，转化成致癌或诱变作用更强的化合物。目前动物实验证明的有较强致癌性的多环芳香烃有苯并（a）芘、苯并（a）蒽、苯并（b）荧蒽、二苯并（a，h）芘、二苯并（a，h）蒽等，其中以苯并（a）芘的致癌作用最强。

早在 1775 年英国发现清扫烟囱的工人多患阴囊癌。1933 年有人用荧光分析方法，从煤焦油中成功地分离出苯并（a）芘，许多学者用苯并（a）芘对 9 种动物采用多种途径给药进行实验，均收到致癌阳性结果。迄今又从煤烟和焦油中提取的多环芳烃有苯并（a）蒽、二苯并（a，h）蒽、二苯并（a，e）芘、茚并芘等二十多种。美国科学家分析了一系列有关肺癌流行病学调查资料，认为大气中苯并（a）芘浓度每增加 0.1 微克 /100 立方米，肺癌死亡率就相应升高 5%。

流行病学研究一直关注职业性的接触多环芳香烃。在焦炭生产、煤的汽化、铝生产、铁和钢的锻造、煤焦油和沥青生产等过程中产生的气体中含有多环芳香烃，烟灰能够使人得肺癌，煤焦油和沥青、尚未精炼的石油、页岩油等可以使人患皮肤癌和阴囊癌。尽管多环芳香烃被认为是这些来源中使人患癌症的主要原因，但是其他大量化合物的存在也可能产生这种效果。烤炭工人中肺癌的死亡率非常高。

多环芳香烃的人群流行病学研究，许多国家的调查表明工业城市中肺癌死亡率与空气中苯并芘的浓度呈正相关。苯并芘每增加 1 微克 / 1 000 立方米，肺癌发病率增加 0.11/10 万人 ~1.4/10 万人，人群肺癌死

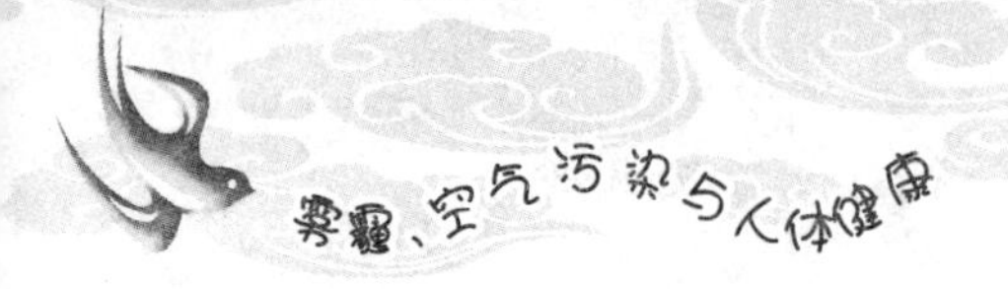


亡率增加5%,终身肺癌发生危险性为9/10万人。Ben Armstrong等对39个有关多环芳香烃与肺癌关系的队列研究进行Meta分析,计算出多环芳香烃的相对危险度为1.20,其95%CI为1.11~1.90。以往常用苯并芘来代表周围大气中多环芳香烃混合物的水平,例如英国的大气质量标准以0.25毫克/立方米苯并芘作为多环芳香烃污染的年均值。但近来的研究发现,在总的多环芳香烃混合物中,高效价多环芳香烃如DB[a, 1]P和DBA的致癌活性要远大于苯并芘。动物实验已经证实,二者的致癌性是苯并芘的10倍或更多。

柴油尾气颗粒物（DEP）作为大气颗粒物的重要来源之一,携带有大量有害的重金属和有机化学物,2012年国际癌症研究机构（IARC）决定将柴油机尾气列为“明确的人类致癌物”。

食物是人类接触多环芳香烃的主要途径,因为在烹饪的时候有多环芳香烃的形成,而且空气中的多环芳香烃可以沉积在谷物、水果和蔬菜上。当人接触到8种致癌性的多环芳香烃时可以被作为“参考人”,一个不吸烟的人每天平均吸入3.12微克的多环芳香烃,其中有96.2%来自于食物,1.6%来自于空气,0.2%来自于水,0.4%来自于土壤。吸烟者每天吸一包烟能够吸收额外的1~5微克。

通过一系列重要的皮肤的涂抹、皮下注射和内部输入等研究表明,来自于汽车尾气的冷凝物,家居用煤燃烧的气体和香烟烟雾中的4~7环的多环芳香烃几乎拥有多环芳香烃所有的可能致癌能力。通过皮肤涂抹不同的冷凝物得出结论,苯并芘占了汽车尾气冷凝物和家居用煤燃烧的气体中5%~15%的致癌能力。当做直接输入肺里的实验时,苯并芘的致癌能力在所有物质中有所降低。

当老鼠吸入含20微克/立方米或46微克/立方米的煤焦油和沥

青浓缩气体后，与之有关的肺癌现象就会出现。接触1微克/立方米苯并芘的老鼠一生患肺癌的风险大约是2%。相对照地根据流行病学数据得出的接触苯并芘患肺癌的风险是7%~9%。有人建议估算多环芳香烃的致癌性时应该考虑吸入一些粒子能够加强多环芳香烃在肺组织中的致癌效果。

流行病学和实验研究表明香烟烟雾和柴油机气体中的苯并芘比煤焦油和沥青气体中少了很多，但是在肺中产生的致癌效果却是一样的。

有科学家把老鼠吸入柴油机气体（4毫克/立方米）的实验结果和吸入煤炉燃料气体和沥青的混合物的实验结果相比较，可以得出结论：柴油机气体比含浓缩了多环芳香烃的煤炉燃料气体更具有致癌性，而后者是很强的致癌物质。给动物做生物鉴定中用到的高浓度的柴油机气体使肺中有大量的微粒而过载，导致了剧烈的刺激致癌性。

## 6.8 二噁英[氯代二苯并呋喃类（PCDD/Fs）]与垃圾焚烧的危害

近年来，随着城市的扩张与垃圾焚烧处理的普及，垃圾焚烧污染尤其是垃圾焚烧产生的二噁英污染以及二噁英通过土壤、食物向人体的迁移日益受到关注。二噁英过去15年来一直是环境化学研究的热门课题。这类化合物受到关注是由于其具有持久性和疏水性，而且这类化合物具有很强的生物富集性。另外，已发现许多种二噁英即使在浓度很低时也具有毒性，这些都增加人们了解其环境行为的兴趣。研究

PCDD/Fs 的环境行为的关键之一是其生物吸收和迁移性，因为生物吸收和迁移性决定了生物暴露于 PCDD/Fs 中的情况。

氯代二苯并呋喃类（PCDD/Fs）有 135 种同系物。迄今为止，研究集中在四氯至八氯化合物，因为在人体组织中尚未发现少于四个氯原子的 PCDD/Fs。与毒理学尤其相关的是在 2、3、7、8 位置有取代基的同系物，此类同系物有 17 个。为了简化理解关于 PCDD/Fs 的数据，采用一种叫作毒性当量的方法，并根据这类物质中毒性最强的 2、3、7、8-CI4DD 来表示样本中所有 PCDD/Fs 的毒性。

人们对周围此类化合物关注较多是由于目前人体中此类物质的背景浓度水平已接近于其毒性能够被察觉的暴露浓度。已经证实这个背景浓度几乎完全可以归因于对动物脂肪的摄取，在欧洲和北美，人们对鱼类、肉类和奶制品的平均摄取量大致相同。由于人类暴露于 PCDD/Fs 主要来自农产品，所以我们主要关注二噁英在食物链中的生物富集性。

大部分基于摄食肉类导致暴露于 PCDD/Fs 源于对牛肉的消费，牛肉和牛奶合计约占人体 PCDD/Fs 暴露来源的二分之一。牛富集二噁英（PCDD/Fs）大部分是通过吃草。因此“草料—牛—牛奶 / 牛肉”是人类富集 PCDD/Fs 的主要途径，并且传到人体时，将达到特殊的浓度。二噁英向人体的迁移与转移主要通过土壤 / 植物迁移、大气 / 植物间迁移、从植物到家畜及动物饲料的迁移、从食物到人的迁移以及污染物从母乳到婴儿的迁移进行。

**1. 土壤 / 植物迁移**

植物吸收二噁英有两个可能的来源：大气和土壤。最初人们认为由于 PCDD/Fs 具有挥发性，所以在大气中不会存在足够的量以污染植物，而且早期这一领域的研究重点放在源自土壤的吸收上。从土壤到

地面上植物，PCDD/Fs的迁移有三种可能的途径：根吸收和转移，挥发后吸附到植物叶面，土壤微粒的直接迁移，其中第一个途径是最受关注的。通过实验验证土壤微粒迁移是土壤/植物迁移的主要迁移方式。

**2. 大气/植物间迁移**

土壤作为二噁英污染植物的一个来源已得到广泛研究，近期对大气来源的研究也开始了。在1990年，据报道，中欧的田园地区草类和土壤中PCDD/Fs的浓度是相似的。如果土壤是草类受PCDD/Fs污染的主要来源，那么意味着土壤到植物的迁移率约为1，这是不合实际的。而且专家也得出结论，大气沉积是污染源。另外两项研究中，专家也得出了类似的结论。他们在德国西北部各地区的研究中，并没有发现草类和蔬菜类植物中PCDD/Fs的浓度与土壤的浓度具有相关性。在土壤受到高度污染而大气污染较低的地方，当小心照料植物，阻止土壤微粒的迁移时，在植物体中发现了大气中PCDD/Fs的同系物而没有土壤中的同系物。有结论认为，即使土壤中PCDD/Fs浓度非常高，大气沉降仍是主要的污染来源。

**3. 从植物到家畜及动物饲料的迁移**

正如前面部分介绍的，饲料是牛摄取PCDD/Fs的主要来源。水和空气起到的作用是微不足道的。对于其他家畜也是这样，因为这类化合物的蒸气压很低而且具有疏水性。

从对PCDD/Fs植物吸收的讨论中可以得出，单位质量植物表面积大的PCDD/Fs浓度高，那么与没有大气污染的地方产出的饲料相比，这类植物饲料对家畜而言就是主要危害了。拜罗伊特对牛的饲料配给情况进行了研究，发现草饲料是家畜摄取PCDD/Fs的主要来源，其次是玉米饲料，而由谷物类产生的浓度是微不足道的。

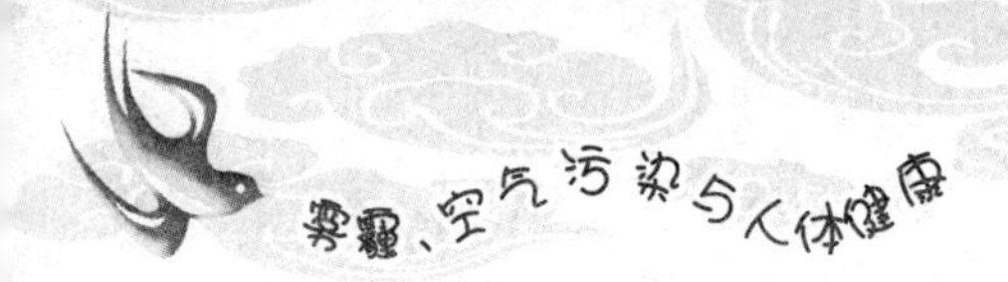


不同肉类中测得的 PCDD/Fs 浓度反映出，叶系越发达的植物积聚的污染物越显著。消费大量草料的反刍动物比消费量很少（如果有叶类饲料的话）的家畜（比如猪）的摄取量高。

PCDD/Fs 积聚于家畜体内的另一个相当重要的途径就是，牧养的牲畜直接摄入土壤微粒。在最近的一次评论中强调有一种趋势存在，就是用不切实际的值夸大经土壤摄取的情况。虽然对羊和牛测得土壤摄食率在 1%~18%，但是这个值较高，因为这是在冬季放牧且没有补足草料的情况下测得的。在现代农业生产条件并且还有辅助饲料的情况下，至少对气候条件不允许全年放牧的地区，干土壤摄食率不可能超过 2%。在另一篇文献中讲到，在荷兰牧养奶牛的平均土壤摄食率估计为 225 克 / 天，大约是干饲料摄入量总数的 1.2%。有趣的是，这个值比该作者所估计的牛在冬季从草料中摄入的土壤量要低，这暗示奶牛比收割机懂得选择。

4. 从食物到人的迁移

前面已经介绍了人类暴露于二噁英类化合物（PCDD/Fs）的主要来源。在北美和欧洲，人对这种化合物的吸收大致可以平均分为奶、肉和鱼产品这几个来源。在有些国家，食物中 PCDD/Fs 浓度水平是上升的。最近，德国得出一个估计量：对于成年人，吸收量为 55~70 皮克 TEQ/ 天（皮克即亿分之一克）。

与食物中这类污染物相关的一个至关重要的潜在危害就是：人体实际吸收和存留的 PCDD/Fs 有多少。但是，这方面的信息显著缺乏。有一个关于成人吸收情况的报道：对溶于玉米油中的 2,3,7,8-CI4DD 进行放射追踪，结果发现一次摄入量中有 87%被人体吸收。在另一项研究中，对两个人进行规定的饮食，然后分析其粪便样本，发现与理论

吸收率相比，排泄率是相当高的，这表明吸收率较低。除了这两个有点矛盾的研究之外，还没有进行其他的研究工作。

是否达到稳定吸收状态是一个尤其重要的问题。在这种稳定情况下，进行正常饮食的话，吸收的污染物应该接近于0。那么人体组织中污染物水平主要取决于对高污染食物的摄食，人类很少消费这类会导致高吸收的高污染食物。这将对风险分析采用的方法以及与PCDD/Fs相关的风险评估方式的确定产生巨大影响。急需在这一领域做更多的研究。

二噁英类物质在人体内有很强的持续性。对一群暴露于PCDD/Fs的职业人员进行测试，发现大多数2,3,7,8-四氯二苯-并-对二噁英的半衰期为5~15年。这会导致PCDD/Fs积累于人体内。人类脂肪中的浓度水平与牛奶脂肪中或牛肉脂肪中的浓度相比，至少高一个数量级。和家畜的情况一样，人体中2,3,7,8-CI4DD和1,2,3,7,8-CI5DD的含量很低，表明这类同系物发生了代谢。

5. 污染物从母乳到婴儿的迁移

哺乳过程中，婴幼儿会暴露于高于通常浓度水平的PCDD/Fs下。由于婴儿的食物来源就是母乳，所以就PCDD/Fs在食物链中的积累而言，婴儿的暴露剂量要高于其他人。在20世纪80年代末，发展中国家的婴儿每天每千克体重吸收毒性当量大约为85皮克的2，3，7，8-CI4DD。虽然有证据显示，在哺乳期间母乳中PCDD/Fs的浓度水平是降低的，婴儿的暴露情况仍远远超过了人均容许摄入量，控制标准为0.006 4~10皮克TEQ/千克。

与成人形成对比的是，关于婴儿对PCDD/Fs的吸收情况，研究工作做得很好。所有的研究人员得出同一个结论，即婴儿摄入的PCDD/

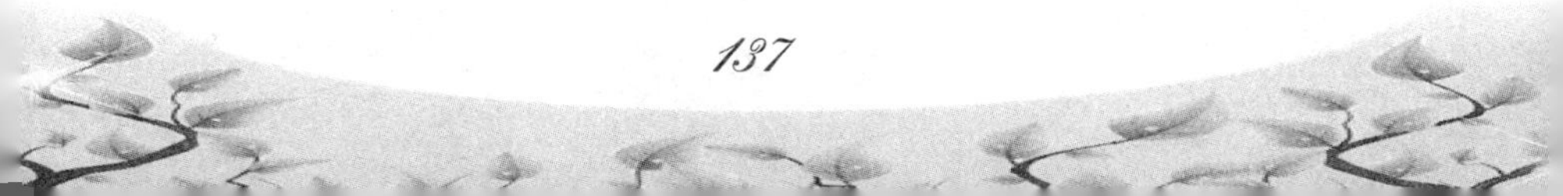

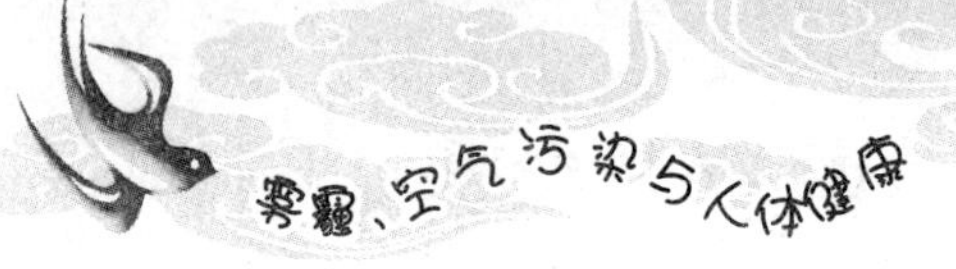


Fs几乎全部被吸收。在二噁英方面，婴幼儿的高暴露程度仍然为一个最大的关注点。

## 6.9 空气污染对神经系统的危害

雾霾不仅伤害人体器官，更在无形之中影响着神经系统。钟南山介绍，美国第65届老年医学会年会有个结论，空气中PM2.5增加10微克/立方米，人的脑功能就会衰老3年。

近年来大量研究开始探讨大气颗粒物暴露与神经系统损害之间的关系，虽然研究不及心肺系统广泛和深入，但也有一些发现，提示大气颗粒物对神经系统的影响也不可忽视。

PM2.5和超细颗粒物可通过血脑屏障、嗅神经等途径进入中枢神经系统，与缺血性脑血管病、认知功能损害等中枢神经系统疾病损害有关。

交通相关的空气污染暴露与研究对象的神经生理功能异常之间存在剂量反应关系，长期暴露于交通来源颗粒物可能是阿尔茨海默病的致病因子。

高水平的黑炭暴露可损害儿童认知功能，使儿童的言语及非言语型智力和记忆能力均降低。颗粒物引起的脑功能损害可能与神经炎症及神经元损伤/丢失有关。

目前认为，颗粒物对神经系统的损害作用可能通过以下两条途径产生：①颗粒物进入中枢神经系统引起直接损害；②颗粒物引起的系统炎症反应导致的间接损害。

最近一项研究发现长期空气污染暴露引起人脑中超细颗粒物的沉积，在人脑嗅球旁神经元发现了颗粒物，在额叶到三叉神经节血管的管内红细胞中发现了小于 100 纳米的颗粒物，为颗粒物入脑提供了直接证据。动物实验较人群研究更为广泛地探讨了颗粒物对神经系统的影响，其中以颗粒物引起的神经炎症及神经退行性疾病的表现最为明显。

## 6.10 空气污染对免疫系统的影响

免疫系统对颗粒物的反应具有两面性：一方面免疫系统对颗粒物具有清除作用，另一方面也是机体受损的原因。PM2.5 除了对肺巨噬细胞、脑小胶质细胞等定居在组织中的巨噬细胞产生影响外，对机体的免疫调节能力也有一定的影响。研究发现，颗粒物引起哮喘与过敏性疾病的机制与颗粒物的免疫佐剂效应有关。人群研究发现，抗原与柴油尾气颗粒物（DEP）的联合暴露可引起过敏者特异性免疫球蛋白 E 抗体的产生显著增加。实验研究表明，DEP 可单独诱导来自于哮喘患者的外周血单核细胞产生 Th2 型细胞因子并促进 Th2 极化，同时可以通过降低 Th1 细胞因子受体而减少 Th1 反应。有学者用蛋白组学的方法研究发现，超细颗粒物引起的支气管肺泡灌洗液中多聚免疫球蛋白受体、补体 C3 等的显著升高，可能与颗粒物引起的过敏反应和哮喘的病理损伤有关。

此外，大气颗粒物可引起呼吸道的主要抗原呈细胞树突状细胞的成熟以及 Th2 型细胞偏向反应，这与哮喘的发病密切相关。多项研究

在观察到颗粒物促进 Th2 型细胞偏向反应的同时,也发现了颗粒物对 Th1 型免疫反应的抑制,表明颗粒物同时对免疫系统具有相对抑制的作用,可能降低机体对病原微生物的免疫反应,导致感染性疾病的发生率增加。

变应原污染是指人体遭受空气中的某种花粉、动物毛屑、真菌孢子等刺激,是某些易感人群发生的一种变态性疾病。现在越来越多的哮喘病的元凶就是变应原。

产生变态反应的机制是空气中的花粉、动物毛屑、真菌孢子等变应原吸入体内后对组织产生刺激作用,可产生特殊的抗体——免疫球蛋白 E 。此种免疫球蛋白固定在组织的肥大细胞内,当变应原一有机会与此种抗体结合时,即可使受损害细胞释放出组织胺,使支气管肌肉发生收缩,出现喘鸣和气短等典型的哮喘症状,同时上呼吸道及鼻窦内黏膜内的血管扩张,黏膜水肿,分泌增多,易受细菌、病毒感染而导致发生慢性鼻窦炎、支气管炎和肺炎。此外,在发生此种变态反应的同时,往往也伴随着出现荨麻疹。

## 6.11 空气污染与结膜炎

专家介绍,雾霾天空气中的微粒附着到角膜上,可能引起角膜炎、结膜炎,或加重患者角膜炎、结膜炎的病情。角膜炎、结膜炎患者明显增多,有老年人、儿童,同时也有整天对着电脑的上班族。人们出现的情况大致一样:眼睛干涩、酸痛、刺痛、红肿和过敏。

## 6.12 空气污染与小儿佝偻病

中国疾控中心环境所已用一年时间,开展了雾霾对人体健康的影响研究。初步研究发现:霾天气除了引起呼吸系统疾病的发病/入院率增高外,还会对人体健康产生一些间接影响。霾的出现会减弱紫外线的辐射,如经常发生霾,则会影响人体维生素 D 合成,导致小儿佝偻病高发,并使空气中传染性病菌的活性增强。

## 6.13 空气中的病原微生物

空气中的生物污染物主要是细菌、真菌、病毒、放线菌等微生物和植物的花粉、孢子和种子的絮状物。对人体危害较大的是病原微生物和变应原。

空气中的病原微生物主要会引起流行性感冒、结核、麻疹、严重急性呼吸综合征(SARS)等。现代社会,人类的交往越来越密切频繁,在密闭的室内空间,上述病原微生物传播很快。一旦经空气传播的流行性疾病暴发,短短几个月甚至几天就可以传遍世界。2003 年 SARS 在我国的流行就是一个危险的先兆。

### 6.13.1 流感与禽流感

流行性感冒简称流感,是由流感病毒引起的急性呼吸道传染病。临床特点为急起高热,全身酸痛、乏力,或伴轻度呼吸道症状。该病潜

伏期短、传染性强、传播迅速。流感病毒分甲、乙、丙三型，甲型流感威胁最大。由于流感病毒致病力强，易发生变异，若人群对变异株缺乏免疫力，易引起暴发流行，流感对人类的危害很大，一场流感的流行可导致人群平均寿命的降低。

迄今为止，世界上已发生过五次大的流感和若干次小流感，造成数十亿人发病，数千万人死亡，严重影响了人们的生活和社会经济的发展。1510 年，英国发生世界上第一次流感。1580、1675 和 1733 年，在欧洲均出现大规模流感。

世界上最严重的流感爆发于 1918 年，1918 年 3 月 11 日美国的一个军营 107 名士兵首次发病，不到两天即有 522 名士兵被感染，一周之内各州均出现病例。以后流感迅速传遍全球，共造成 2 000 多万人死亡，超过第一次世界大战的总死亡人数，是造成死亡人数最多的一次传染病大爆发。

1957 年的“亚洲流感”和 1968 年的“香港流感”也波及世界多个地区。“亚洲流感”在美国导致 7 万人死亡，“香港流感”使美国 3.4 万人因感染致死。1977—1978 年的“俄罗斯流感”始流行于苏联，后又波及美国及其他许多国家。

禽流感是禽流行性感冒的简称，这是一种由甲型流感病毒的一种亚型引起的传染性疾病综合征，被国际兽疫局定为 A 类传染病，又称真性鸡瘟或欧洲鸡瘟。不仅是鸡，其他一些家禽和野鸟都能感染禽流感。按病原体的类型，禽流感可分为高致病性、低致病性和非致病性三大类。

最早的禽流感记录在 1878 年，意大利发生鸡群大量死亡，当时被称为鸡瘟。到 1955 年，科学家证实其致病病毒为甲型流感病毒。此后，这种疾病更名为禽流感。尽管没有证据表明禽流感病毒会直接引起人类流感暴发，但从进化角度看，人类流感与原先在动物中传播的流感病毒有关，很可能是在历史上人类驯养猪、鸡等动物的过程中，由于人畜接触频繁，猪流感和禽流感病毒的某些毒株发生了变异，获得对人的致病性以及在人群中传播的能力，成为人类流感病毒。这类事件有可能再次发生，因此医疗研究和监测部门仍对禽流感袭击人类的可能性保持警惕。

### 6.13.2 非典型肺炎

非典型肺炎，国际上命名为严重急性呼吸综合征（Severe Acute Respiratory Syndrome），即 SARS。

“非典型肺炎”这个词早在 1938 年就提出来了，当时国外发现了一种临床表现完全不同于常见肺炎的肺部感染疾病，所以命名为“非典型肺炎”，以区别于典型的肺炎——链球菌性肺炎。后来发现引起这种肺炎的病原体常见的有支原体、衣原体、军团菌、腺病毒和一些较少见的病毒，如呼吸道合胞病毒、副流感病毒等。

正如本节开始提到的那样，2003 年春天，一场以广州为发端，并演变为以北京为重心，席卷全国，让人人变色的“非典”打乱了中国国民的正常生活。非典成为当年全球最为关注的焦点。

自人类 19 世纪进行了“第一次卫生革命”后，随着医学科技发展日新月异，防治病毒技术迅速提高，逐渐形成了全球共同消灭病毒的合作机制。新型流感不断变种，科研人员都很快找到了防治办法。艾滋病发现 3 年后才完成基因测序，这次“非典”露头不到 4 个月，其冠状病毒和基因图就被查明。

但是这次“非典”的大范围流行，给人类敲响了警钟。虽然死亡人数并不多，但“非典”来势汹汹，起病急，症状重，而且感染者中有很大比例的医生与护士，发生在人口密集、公共卫生发达的大城市。在人类认为已经控制了大规模流行性疾病的现代社会，不能不引起恐慌。也使有识之士开始反思：我们在与流行性疾病的斗争中是否大获全胜，人类是否又面临着新的瘟疫时代。

### 6.13.3 结核病

结核病由结核分枝杆菌引起。该病菌由微生物学的奠基人罗伯特·科赫于1882年首次鉴定分离。

如果你读过18世纪和19世纪的小说，或者看过关于那个时代的电视剧，往往会发现其中有患“痨病”的角色——生病的孩子，竭力要完成其巨作的将死的艺术家，卧床不起无法照顾家庭的母亲。受害者苍白虚弱，咳血，慢慢地消瘦，这是再正常不过的描写。鲁迅先生的《药》就是描述面对致命的白色幽灵，愚昧而无奈的百姓不得不吃下人血馒头。

全世界约有1/3的人受到结核病菌感染。大多数人没有发病，但从这个巨大的感染人群中，每年有1 000万个新病例出现。结核病每年导致300万人死亡，是对人类社会危害最大的传染病之一。世界卫生组织估计，发展中国家约有1/4可防止的死亡是由结核病造成的。而发达国家也面临着病菌抗药性增加以及结核病与艾滋病结成死亡联盟的威胁。

# 第七章　大气污染的治理与对策

能源与工业生产和消费、交通尾气是我国大气污染的主要来源。所以我们将从烟尘治理，二氧化硫治理和洁净煤技术，机动车污染控制，提高能源效率和节能，空气污染的生物治理，循环经济与清洁生产，使用清洁能源等方面简要讨论大气污染防治措施。

工业燃烧污染和民用燃烧污染主要是烟尘、硫氧化物、氮氧化物的控制和治理，近年来还开始要求对二氧化碳进行控制和碳减排。

## 7.1　工业烟尘的治理——伦敦型烟雾治理

### 7.1.1　工业烟尘治理

工业生产产生的烟尘主要来自于燃烧。根据主要除尘机理，常用的除尘装置可分为：①机械式除尘装置；②过滤式除尘装置；③洗涤式除尘装置；④电除尘装置。

1. 机械式除尘装置

机械式除尘装置主要的类型有重力沉降装置、惯性力除尘器、离心力除尘器。

重力除尘装置是使含尘气体中的尘粒借助重力作用而沉降，并将其分离捕集的装置。重力除尘装置有单层沉降室或多层沉降室。

使含尘气体冲击挡板或使气流急剧地改变流动方向，然后借助粒子的惯性力将尘粒从气流中分离的装置，称为惯性力除尘装置。

离心力除尘装置的工作原理是含尘气体进入装置后，由于离心力作用将尘粒分离出来。

机械式除尘装置的主要特点是结构简单、易于制造、造价低、施工快、便于维修及阻力小等，因而它们广泛用于工业。该类除尘装置对大粒径粉尘的去除具有较高的效率，而对于小粒径粉尘捕获效率很低。

2. 过滤式除尘装置

过滤式除尘装置是使含尘气体通过滤料，将尘粒分离捕集的装置。它有内部过滤和外部过滤两种方式。

采用滤纸或玻璃纤维等填充层作滤料的空气过滤器，主要用于通风及空气调节方面的气体净化；高温烟气除尘方面大多采用砂、砾、焦炭等颗粒物作为滤料的颗粒层除尘器；工业尾气的除尘多采用纤维织物作滤料的袋式除尘器。

3. 洗涤式除尘装置

洗涤式除尘装置是用液体所形成的液滴、液膜、雾沫等洗涤含尘烟气，而将尘粒进行分离的装置。它可以有效地将直径为 0.1~20 微米的液态或固态粒子从气流中除去，同时也能脱除气态污染物。

应用广泛的三类湿式除尘器是喷雾塔式洗涤器、离心洗涤器和文丘里式洗涤器。

**4. 电除尘装置**

电除尘装置是用特高压直流电源产生的不均匀电场，利用电场中的电晕放电使尘粒带荷电，然后在电场库仑力的作用下把带荷电的尘粒集向集尘极，当形成一定厚度集尘层时，振打电极使凝聚成的较大的尘粒集合体从电极上沉落于集尘器中，从而达到除尘目的。

### 7.1.2 二氧化硫控制和洁净煤技术

二氧化硫是大气污染的主要物质，也是酸雨（酸沉降）产生的主要原因，是控制大气污染的关键。

目前，控制燃烧生成的二氧化硫的主要方法有燃料脱硫、燃烧过程中脱硫或烟气脱硫。

洁净煤技术是指在煤炭开发利用的全过程中，旨在减少污染排放与提高利用效率的加工、燃烧、转化及污染控制等新技术，主要包括煤炭洗选、加工（型煤、水煤浆）、转化（煤炭汽化、液化）、先进发电技术（常压循环流化床、加压流化床、整体煤汽化联合循环）、烟气净化（除尘、脱硫、脱氮）等方面的内容。

我国的煤炭资源十分丰富，在已探明的能源资源结构中煤炭占73.4%，是石油和天然气储备量的几十倍。由于煤具有储量多、分布区域广、埋藏浅、开采容易等优势，在能源消费构成中，煤炭一直是我国的主要能源。无论是能源消费构成还是资源结构，煤炭均居绝对的主导地位。

预计未来50年内，煤炭消费比重会逐年下降，其他优质能源的比

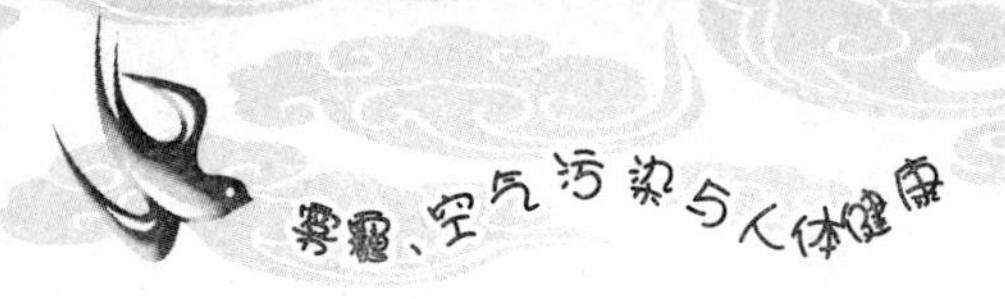


例会有所上升。我国的能源资源条件、技术水平和经济状况等因素决定了在今后相当长时期内煤仍将占据主导地位。而利用国际能源市场大量进口天然气和石油的做法并不可行。原因有三个：一是成本高，经济上无法承受；二是作为能源消费大国，将能源的发展建立在依靠别人的基础上，受制于他人，不可取；三是脱离了我国是煤炭资源大国的基本事实，与国情不符。

燃用洁净煤可以减轻燃煤污染。洁净煤技术作为可持续发展战略的一项重要内容，受到了中国政府的高度重视，其发展已被列入中国《21世纪议程》。

1. 限制高硫煤的开采和使用

目前，我国高硫煤总产量约为 $9.6 \times 10^7$ 吨，仅为煤炭总产量的7%，但其燃烧排放的二氧化硫却占燃煤二氧化硫排放总量的20%左右。限制高硫煤开采总体上不会影响中国能源生产和消费结构的平衡，同时可以有效地减排二氧化硫。

2. 煤炭洗选

煤炭洗选是从源头减少污染的有效措施。我国的煤炭总体上属于中等易选，通过洗选可以脱除60%以上灰分和50%~70%的黄铁矿硫（全硫中黄铁矿硫所占比例较大），大大减轻了燃煤污染，同时可节煤10%~20%。

3. 型煤

型煤被称为“固体清洁燃料”。煤经过破碎后，加入固硫剂和黏合剂，压制成有一定强度和形状的块状型煤。型煤固硫剂多以生石灰、石灰石、白云石、电石渣等为原料，其主要固硫成分是氧化钙，燃用型煤可有效降低煤炭燃烧过程中的二氧化硫、烟尘和其他污染物的排放。型煤技术的节能和环境效益十分显著，近年来一直得到关注和发展，与烧散煤相比，型煤可节煤 15%~25%，减少烟尘排放量 70%~90%，固硫达 40% 左右。

**4. 水煤浆**

燃烧水煤浆与燃烧重油有相同的效果。该法不仅可降低硫及灰分，还可提高燃烧效率，避免运输、装卸及堆存所带来的扬尘污染。根据中国能源组成特点和能源地理分布的不均衡性，中国水煤浆技术开发旨在解决工业及电站燃烧的节油、代油、节能，并降低燃烧污染物的排放。该法在我国胜利水煤浆厂和八一水煤浆厂已得到应用。

**5. 煤炭汽化**

煤炭汽化是将煤转化为煤气的技术。煤经汽化后无烟、无硫、无灰，可大大减少环境污染。煤炭地下汽化可以把劣质煤、薄煤层、地质构造复杂的煤层或技术、经济不合理的煤层变为可利用的能源。目前，美国在煤炭地下汽化的试验方面取得了一些重要的技术成果。

**6. 煤炭液化**

煤炭液化是将煤炭转化成液体燃料的过程。煤炭液化能脱除煤中的矿物杂质和有害硫分，使大量高硫煤转化为低硫、低灰燃料，我国已建成年产 2 000 吨汽油和 750 万立方米城市煤气的工业性试验装置。

**7. 流化床燃烧**

流化床燃烧是一种新型燃烧方式。流化床燃烧本质上是一种低温燃烧过程，炉内存有局部还原气氛，因而氮氧化物的发生量减少，常用的脱硫剂系石灰石或白云石，可以有效地控制二氧化硫的排放。相对较低的燃烧温度也大大降低了氮氧化物的生成。工业上分为常压循环流化床（CFBC）和增压流化床（PFBC）。

8. **烟气脱硫**

烟气脱硫方法一般可分为湿法和干法两大类。用水或水溶液作吸收剂吸收烟气中二氧化硫的方法,称为湿法脱硫;用固体吸收剂或吸附剂吸收或吸附烟气中二氧化硫的方法,称为干法脱硫。

湿法排烟脱硫由于所使用的吸收剂不同,主要有氨法、钠法、石灰-石膏法、镁法以及催化氧化法等。

干法脱硫主要有活性炭法、活性氧化锰吸收法、接触氧化法以及还原法等。

### 7.1.3 伦敦治理伦敦型烟雾的经验

伦敦烟雾事件因20世纪十大环境公害而闻名,伦敦型烟雾也是工业、能源烟尘污染的代名词。为此英国人开始反思空气污染造成的苦果,在发生伦敦雾害之后的1956年,英国政府首次颁布了《清洁空气法》。

法律规定在伦敦城内的电厂都必须关闭,只能在大伦敦区重建。在城区设立无烟区,禁止使用产生烟雾的燃料;发电厂和重工业等煤烟污染大户迁往郊区。要求工业企业建造高大的烟囱,加强疏散大气污染物。还包括要求大规模改造城市居民的传统炉灶,减少煤炭用量,逐步实现居民生活天然汽化,冬季采取集中供暖。

1968年又颁布了一项清洁空气法案,要求工业企业建造高大的烟囱,加强疏散大气污染物。

1974年英国政府颁布实施了《控制公害法》。该法全面、系统地规定了对空气、土地、河流、湖泊、海洋等方面的保护以及对噪声的控制条款。政府颁布的关于控制大气污染的法令还有《公共卫生法》《放射性物质法》《汽车使用条例》和各种《能源法》等。

到了1975年,伦敦的雾日已由每年几十天减少到了15天，1980年则进一步降到5天。

20世纪80年代后,交通污染取代工业污染成为伦敦空气质量的首要威胁。为此,政府出台了一系列措施来抑制交通污染,包括优先发展公共交通网络、抑制私车发展以及减少汽车尾气排放、整治交通拥堵等。

自1993年起要求所有出售的新车必须加装催化器,以减少氮氧化物污染。规定各个城市都要进行空气质量的评价与回顾,对达不到标准的地区,政府必须划出空气质量管理区域,并强制在规定期限内达标。欧盟要求其成员国2012年空气不达标的天数不能超过35天,不然将面临4.5亿美元的巨额罚款。为了符合标准,早在2003年,伦敦市政府开始对进入市中心的私家车征收“拥堵费”,并将此笔收入用来改善公交系统发展。

2001年1月30日,伦敦市发布《空气质量战略草案》,目标是到2010年把市中心的交通流量减少10%~15%。伦敦还将鼓励居民购买排气量小的汽车,推广高效率、清洁的发动机技术以及使用天然气、电力或燃料电池的低污染汽车。2004年出台了《伦敦市空气质量战略》,提出目前伦敦的空气质量政策重点是减少路面交通所产生的废气及推广使用较清洁的能源。

此外，20世纪80年代,伦敦市在城市外围建有大型环形绿地面积达4 434平方公里。政府决定尝试在街道使用一种钙基黏合剂治理空气污染。这种黏合剂类似胶水,可吸附空气中的尘埃。街道清扫工已将这种新产品用于人口嘈杂、污染严重的城区，目前监测结果称这些区域的微粒已经下降了14%。英国民众也可以通过网络查询每日空气质量的发布情况。

资料来源：《南方周末》

## 7.2 大气污染的治理——洛杉矶型烟雾治理

随着我国汽车工业的发展和人民生活水平的不断提高，汽车越来越多地进入家庭。随着机动车保有量的迅速增加和城市化进程的加快，中国一些大城市的大气污染类型正在由煤烟型向混合型或机动车污染型转化，机动车尾气排放已经成为主要城市的重要污染源，也是洛杉矶型烟雾产生的主要原因。

我国大城市中，汽车排放物中对大气污染的贡献率一氧化碳占63%，氮氢化物占22%，碳氢化合物占73%。美国的大气污染物排放量中一氧化碳的66%、氮氧化物的43%、碳氢化合物的31%、碳氧化物的33%、微粒的20%均来自于汽车的排放。

一辆汽车在行驶的时候，每天平均能够排放一氧化碳3千克，碳氢化合物0.3千克，氮氧化物0.75千克。全世界汽车保有量最少为7亿多辆，每年排出的二氧化碳将达到9亿吨之多，而一氧化碳的排放，汽车竟能够占到80%。汽车尾气的污染，不仅成为全球大气污染的一个重要来源，而且也是全球气候变暖的罪魁祸首之一。

### 7.2.1 我国机动车污染的特点

**1. 城市建设布局不合理，道路拥挤**

我国城市建设布局的特点是主要交通干线都设在人口稠密的市区，汽车数量不断增加，使得道路交通设施条件远远落后。由于我国中心城区大多是行人、自行车和机动车混合使用空间，道路拥挤，交通流量长期处于饱和状态，车辆减速、怠速运行的时间约占车辆总运行时间的60%，其中35%左右的时间处于怠速状态，因此导致油耗增多、污染物排放增多。有资料记载，车速从20千米/小时降为15千米/小时时，其油耗量增加25%，当车速从48千米/小时降为24千米/小时时，一氧化碳的排放浓度可增加一倍多。由于汽车废气排放口较低，一般仅离地面50~70厘米，有毒有害气体很容易对市民的健康构成直接危害。

**2. 汽车性能落后**

与发达国家相比，目前国产汽车性能落后、油耗较高、污染控制水平低，这不仅给环境带来巨大的负效应，同时也造成了能源的巨大浪费。国产汽车一般整车油耗是国外的1.12~1.13倍，单车排放在同样工况下是国外的10~15倍。1993年针对我国国情颁布了汽车排气污染物排放国家标准，使汽车污染物排放标准限制值更加严格，但也只接近美国20世纪70年代中期的水平。

**3. 车辆使用条件差，维护保养制度不完善**

我国在用车的车辆使用条件差，维护保养制度不完善，目前还有相当一部分仍在使用低标号汽油，油的质量也较差。石家庄市公安交警部门在1996年年检中首检车辆5.2万辆，尾气合格率仅为65.5%，环

保部门对 3 012 辆各类型车辆进行抽检中，尾气合格率也仅为 72.7%。全市大约有 1 万辆尾气超标汽车仍在行驶。

**4. 交通运输抛洒、排放严重**

交通运输过程中洒落在道路上的渣土、煤灰、灰土、煤矸石、沙土等各种固体以及混合在道路上的其他排放源排放的颗粒物，经往来车辆的碾压后形成较小的颗粒物载入空气，形成道路交通扬尘。

在道路等级不高，道路两旁绿化不好的路面上常常积有大量的尘土，汽车行驶在路面上造成尘土飞扬，这部分颗粒往往会反复扬起，反复沉降，造成重复污染。由于道路的面积很大，占城市面积的 10%以上，所以道路扬尘对总悬浮颗粒物的贡献（占扬尘的 50%以上）不容忽视。

## 7.2.2 控制机动车污染的措施

**1. 发展公共交通，适当限制私人轿车**

公共汽车较小轿车污染小，占用道路和停车用地更为经济，以每平方米每小时通行人数为标准衡量道路的使用效益，公共汽车是小轿车的 10~15 倍。轿车的公里废气排放量是公共汽车的 19 倍，能源消耗是公共汽车的 1.5~2.0 倍。运送同等数量乘客，公共交通（包括公共电车、公共汽车、地铁、轻轨等）与私人小汽车相比，分别节省土地资源 3/4、建筑材料 4/5、投资 5/6。小汽车数量的增加，不仅污染环境，而且由于小汽车对道路面积和时间的占用率大大超过公共交通工具，使得道路交通堵塞日益严重，影响公共交通的发展。

采取经济激励政策，减少市区汽车数量，缓解交通拥堵是减少行驶车辆的公平而有效的办法。具体的政策可以包括：大幅度提高市区停车费（可按不同时段规定不同收费标准），高额征收市区违章停车罚款，制定严格的地方尾气排放收费标准，高峰时间驶入市区加收附加费等。对于汽车清洁技术和设备减免税款，鼓励民间资本对清洁技术和清洁燃料基础设施的投资和参与运营。

**2. 大力发展地面电气化交通**

电车具有其独特的优越性：①没有废气污染；②运行噪声小，相对安静；③操作方便，行车平稳，比汽车要安全得多；④乘坐环境舒适，车厢内没有汽车发动机启动时散发的辐射热和强烈的汽油味；⑤合理综合使用能源，电车仅使用电能，属洁净能源，环境空气污染容易控制。

欧美许多国家的一些大城市把曾经作为主要交通工具但后来被汽车代替了的电车、有轨电车重新“请”回来，并作为公共交通的一个重要组成部分，大力加以发展，以此来解决城市因汽车废气带来高污染的困扰，如英国的伦敦、法国的巴黎、德国的科隆、比利时的布鲁塞尔、荷兰的阿姆斯特丹、卢森堡等。在我国上海，为解决通过黄浦江的过江隧道的废气问题，也以无轨电车为主要交通工具。大连为保持城市的洁净空气环境，至今仍保留有轨电车。

**3. 积极研究开发低公害或无污染汽车（如电动汽车、燃氢汽车、太阳能汽车等）**

目前，在上海、哈尔滨、重庆等城市已开始使用 LPG 汽车（液化石油气汽车）和 NGV 汽车（天然气汽车）。据环保部门监测，在不改变汽车原构造和动力性能的基础上，LPG 汽车和 NGV 汽车可使一氧化碳减少 70%~90%，碳氢化合物减少 20%~50%，氮氧化物减少 20%~40%（体积分数）。这些办法的采取将会大大减轻汽车尾气排放造成的大气污染。

**4. 严格控制机动车尾气的污染，推广使用节能高效的尾气净化装置**

在过去的三十年间，我们能够看到，像美国、日本等发达国家的机动车排放的一氧化碳等污染物单车均下降 90% 以上。我国虽然也有提高，但是较发达国家相差甚远。控制尾气污染是汽车环保的最重要的一个环节。因此，我国应借鉴国外成熟经验，逐步采用机内净化和机外净化相结合治理汽车尾气污染，通过技术进步来促进我国汽车工业可持续发展。

三元催化剂是目前国内外比较认同的净化效果较好、性能较稳定的产品，当燃料混合气中空气与燃料比例在理论值附近（即 $A/F$=14.6）时，净化率可达 90%以上。20 世纪 90 年代美、日等汽车排气限制严格的国家已有 80% ~100%轿车在使用。我国由于路况较为复杂和其他原因，当务之急是开发适合于本国国情的汽车尾气净化催化剂。

## 7.2.3 伦敦治理交通尾气污染的经验

伦敦市政府提出的治理交通尾气目标是：短期内，削减污染最严重的机动车的排放，提高新型、清洁机动车和技术的使用率，提高清洁燃料的使用率；长期内，提高交通“零排放”模式的使用率（氢气燃料电池和电动车）。近年来，英国政府出台了一系列限制汽车尾气排放的措施，如推广使用无铅汽油；在车辆年检中，严格检测尾气中的一氧化碳、氮氧化物和碳氢化合物等的排放是否达标；在市中心设立污染检测点，警察可拦截有过多排污迹象的车，对其进行测试，并有权对未通过测试的车主实施罚款。

为了缓解交通拥堵，2003 年 2 月，伦敦市政府在一片质疑和反对

声中，开始对周一至周五早7点至晚6点半进入市中心约20平方公里范围内的机动车，每天征收5英镑的“交通拥堵费”用于改善伦敦公交系统。此后收费区域不断扩大，收费标准也提高到目前的8英镑。不久前，伦敦市还公布了更为严厉的《交通2025》方案，限制私家车进入伦敦，计划在近20年的时间里，减少伦敦私家车流量9%。这一方案既利于解决市区交通堵塞问题，也利于改善空气质量。迄今为止，交通拥堵费政策取得了成功。目前，每天进入堵车收费区域的车辆数目减少60 000辆，废气排放降低12%。越来越多的人不再开车上班，而是纷纷选择乘坐公共汽车和地铁，使公交运营收入增加了两成。更重要的是，这一举措大大提高了公交车的可靠性。人们在路途上花费的时间显著减少，出行时间缩短了14%。

英国专家介绍，公共交通定位在城市中心区，住在郊区的人可以开车到城市边缘的公交换乘停车场，然后坐公共交通办事，再开小汽车回家。在英国，一个十万多人的小城市就有6个换乘停车场。英国政府计划今后十年投入巨资发展公共交通，改善铁路设施。为了减少道路堵塞，还将投资修建公交车和有轨电车网络。“政府要像提供教育一样为人们提供交通的便利。”专家说，以自行车为标志的“绿色交通”近几年在英国异军突起，伦敦市长利文斯通推出了自行车出租服务。他说，“这个计划的目标是要将伦敦转变为骑自行车和步行的城市。在未来的10年内，我们将投资5亿英镑用在提高自行车和步行的计划上。”他的目标是让自行车占伦敦十分之一的交通流量，每年减少160万吨的二氧化碳排放。“这是一种快捷、健康、可支付以及没有污染的交通工具。”伦敦交通管理局发言人说。伦敦市政府对发展自行车这一交通方式的投资逐年上升，从2000年的550万英镑增至2005年的2 000万

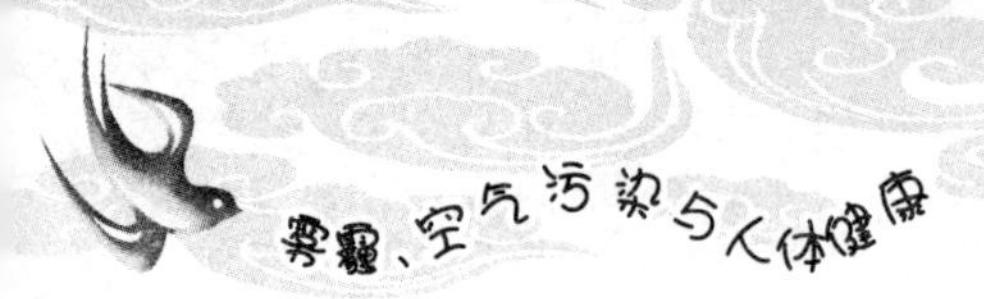


英镑,今年预计还要投入2 400万英镑。当局还修建了1 000英里长的自行车线路网。目前,伦敦已有350多条自行车专用道。人们甚至可以在总长8 000公里的自行车专用道上穿越整个英国。

### 7.2.4 洛杉矶治理洛杉矶型烟雾的经验

20世纪60年代末,随着美国民权和反战运动的高涨,越来越多的普通人也开始关注环境问题。1970年4月22日这一天,2 000万民众在全美各地举行了声势浩大的游行,呼吁保护环境。这一草根行动最终直达国会山,立法机构开始意识到环境保护的迫切性。后来这一天被美国政府定为“地球日”。

1970年的《清洁空气法》是一个重要的里程碑。在这之前洛杉矶的监管者在面对全国性的汽车和石油巨头时往往有心无力,但《清洁空气法》的出台标志着全国范围内污染标准的制定成为可能。新《清洁空气法》将大气污染物分为基准空气污染物和有害空气污染物两类,并第一次界定了空气污染物的组成。在法律草拟过程中,洛杉矶在整治环境污染方面的众多经验被拿来参考。同一年国会还授权政府组建了环保局来负责监督法案的实施。

20世纪60年代末催化式排气净化器的发明从技术上解决了汽油燃烧不完全的问题。于是监管者依照新的法律,规定所有汽车上必须装上这种净化器。政府的新规马上遭到了汽车制造商的激烈抗议,他们一开始抨击这种装置在技术上不可能实现,而后又抱怨成本太高。他们的抗议导致这个法令一度中止,一直到1975年所有的汽车才实现全部安装净化器。此举被认为是治理洛杉矶雾霾的关键。

与此同时,政府敦促石油公司必须在成品油中减少烯烃的含量,这种物质被认为是造成光化学污染的主要物质；加州的环保机构还提倡和开发了用甲醇和天然气代替汽油的新技术，因为这些燃料的尾气排放量只有汽油的一半。尽管甲醇因为价格原因没有成为汽油的替代品，但这些措施第一次让石油公司感受到了威胁，促使他们去开发更加清洁的汽油。

通过长达十余年的努力，洛杉矶的空气开始慢慢转好。根据环保部门的统计，洛杉矶一级污染警报（非常不健康）的天数从1977年的121天下降到1989年的54天，而到了1999年这个数字已经降为了0。蓝天白云重新出现在洛杉矶的上空，城区的人们大部分时候都可以清楚地看到70公里外的巴迪山（Mt. Baldy），而做客洛杉矶道奇球场（Dodger Stadium）的客队球员也不再需要氧气罐来完成比赛了。

## 7.3 提高能源效率，开发清洁能源

过去几十年，我国已经在提高能源效率上取得了一定的成绩。但仍有明显差距，需要继续努力。

每万元国内生产总值的能耗从1980年的4.28吨标准煤下降到了2000年的1.45吨标准煤；每吨标准煤所创造的国内生产总值，由1980年的2 335元（2000年年价）提高到2000年的6 880元；单位产值能耗下降64%，年均节能率达4.6%；同期全世界单位产值能耗平均下降19%，经合组织国家平均下降20%。

主要高耗能行业（如冶金、化工、建材、石化、电力等）的产品单耗有了较大幅度的下降，其中：吨钢综合能耗、铜冶炼综合能耗、小合成氨综合能耗、内燃机车耗油等单耗指标下降幅度达到30%以上；主要耗

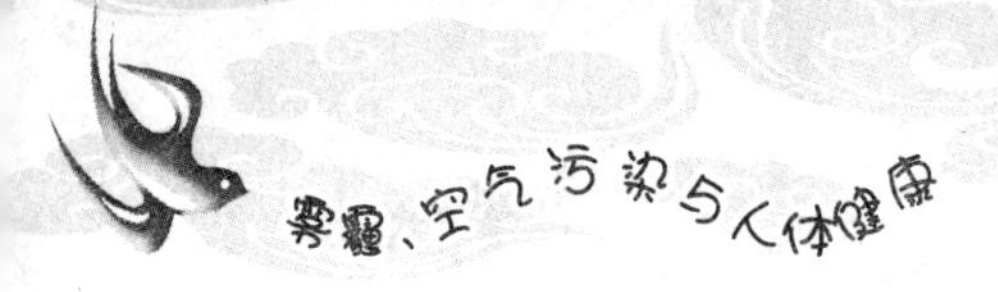


能产品的能耗与国际先进水平的差距明显缩小，如火电供电煤耗差距由1980年的32.5%缩小到了2000年的21%左右，吨钢可比能耗由70.4%缩小到2000年的20%左右。

分析表明，如果采取强化节能和提高能效的政策，到2020年的能源消费总量可以减少15%~27%；相当于在2000—2020年期间，可累计节能10.4亿吨标准煤，价值9 320亿元；相当于减排二氧化硫1 880万吨、二氧化碳6.56万吨；相当于单位国内生产总值能耗将每年下降2.3%~3.7%（但仍大大超过届时世界1.1%的年均下降率）。

从当前的情况看，节能政策对现有生产能力能效改进仍可以产生巨大的影响，据测算，目前市场上技术上可行、经济上合理的节能潜力仍高达1.5~2亿吨标准煤。预计工业部门的节能潜力有5亿吨标准煤左右。

如果近期实施燃油税和旨在提高汽车燃油经济性的燃油效率标准，并逐步在优化交通运输结构等方面取得进展，那么到2020年交通部门可少消费8 700万吨油，几乎可占届时国内原油产量的一半。

目前，我国现有城市房屋建筑中，仅有2.1%达到了采暖建筑节能设计标准，与同纬度气候相近的国家相比，中国单位建筑面积采暖和空调能耗约高出2倍。2020年建筑物能源消费量可减少1.6亿吨标准煤。

针对我国特点，我国应逐步降低煤炭消费比例，加速发展天然气；依靠国内外资源满足国内市场对石油的基本需求；积极发展水电、核电；发展太阳能、风能和生物质能的先进利用；利用20年的时间，初步形成结构多元的局面，使得优质能源的比例明显提高。

防治措施如下。

①以国家西气东输、西电东送为契机，加快城市能源结构调整；通

过划定高污染燃料禁燃区，推广电、天然气、液化气等清洁能源的使用，减少城市原煤的消费量，推广洁净煤技术；促进热电联产和集中供热的发展，有效控制煤烟型污染。

②推行清洁生产，从源头控制污染。通过产业结构调整，采取关停并转措施，淘汰技术落后、能耗高、污染环境的企业；加快以节能降耗、综合利用和污染治理为主要内容的技术改造，控制工业污染；鼓励企业建立环境管理体系，在有条件的企业推广 ISO 14000 环境管理体系认证。

③强化对机动车污染排放的监督管理，加强对在用机动车的排气监督检测、维修保养和淘汰更新工作；鼓励发展清洁燃料车和公共交通系统；完善道路交通管理系统，控制交通污染。

④采取综合措施，控制城市建筑工地和道路运输的扬尘污染；提高城市绿化水平，最大限度减少裸露地面，降低城市大气环境中悬浮颗粒物浓度。

⑤加强协调管理，加大支持力度；加强环境法制建设，严格执行行政监督；提高环境监测水平，建立监测网络，定期发布大气环境质量信息，促进达标工作。

## 7.4 产业结构、经济转型与淘汰落后产能

### 7.4.1 从我国钢铁产能看大气污染

世界钢铁协会 2013 年 1 月 22 日发布 2012 年全球钢铁生产统计

数据。中国大陆 2012 年粗钢产量 7.16 亿吨，占全球钢产量的 46.3%。

统计显示，2012 年全球粗钢产量增长低迷，总产量为 15.478 亿吨，较上年的 15.29 亿吨仅增长 1.2%。其中，世界钢铁协会 62 个成员粗钢产量合计为 15.179 45 亿吨，占全球产量的 98.1%。

增速缓慢表明全球经济形势低迷对钢铁业带来消极影响。由于 2012 年全球经济增长乏力，多国房地产业和下游的建筑机械生产、建材商场行业需求低迷，加之全球造船业正经历多年罕见的寒冬，致使市场对钢材的需求疲软、增长乏力。2005—2012 年全球钢铁产量见表 7.1。

表 7.1　2005—2012 年全球钢铁产量

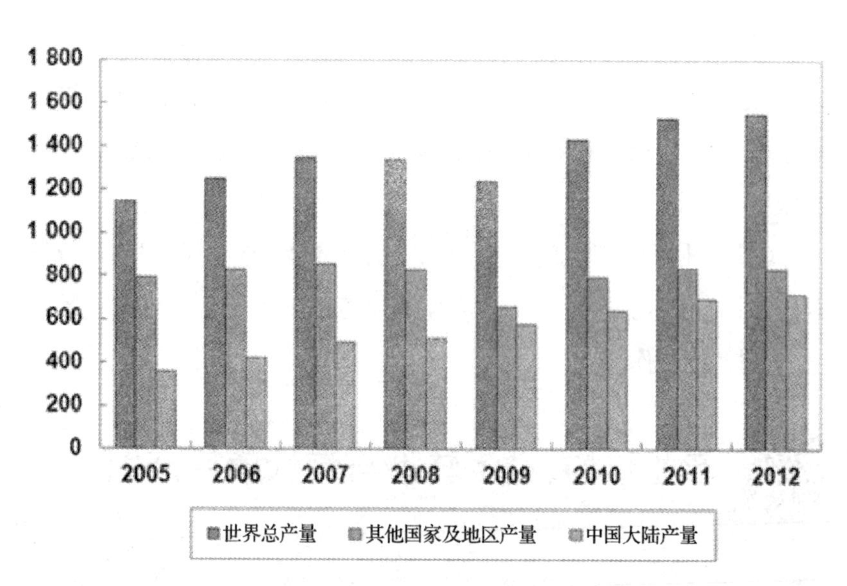


2012 年，中国大陆粗钢产量为 71 654.2 万吨，同比增长 3.1%，占世界总产量的比重达 46.3%，比 2011 年提高了 0.9 个百分点。如果加上中国台湾地区的钢产量，其比例还会增加，达到 47.6%。尽管中国钢铁产量增速较往年减缓，但整体增速仍高于全球平均水平，显示出中国市场相对较好的发展水平。

中国生产了全球近一半的粗钢，而从数量上看，甚至中国单个省份的钢产量都已经达到或超过欧美主要发达国家水平。2005—2012 年全球钢产量增速见图 7.1。

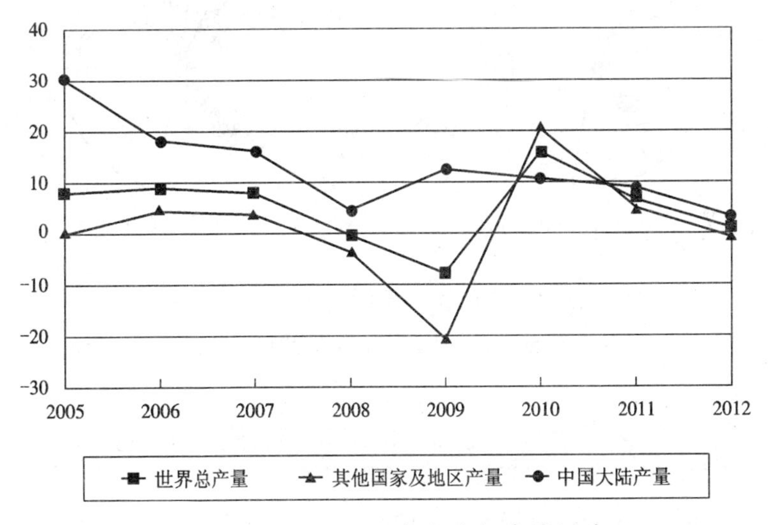


图 7.1　2005—2012 年全球钢产量增速

河北省 2012 年产钢 1.64 亿吨以上，比全球钢产量第二的日本多至少 5 000 万吨，是美国全国产量的 1.8 倍，印度的 2.1 倍，俄罗斯的 2.33 倍，德国的 3.85 倍，与欧盟 27 国的钢产量总和相当。中国有 4 个省的钢铁产量超过德国，有 14 个省市的钢产量超过法国，19 个省市的产量超过英国。

粗钢产量第二至第十名依次是日本、美国、印度、俄罗斯、韩国、德国、土耳其、巴西、乌克兰，产量分别是 10 723.5 万吨、8 859.8 万吨、7 672.0 万吨（估计值）、7 060.8 万吨、6 932.1 万吨、4 266.1 万吨、

3 588.5 万吨、3 468.2 万吨、3 291.1 万吨。各国在全球钢铁产量中的占比见图 7.2。

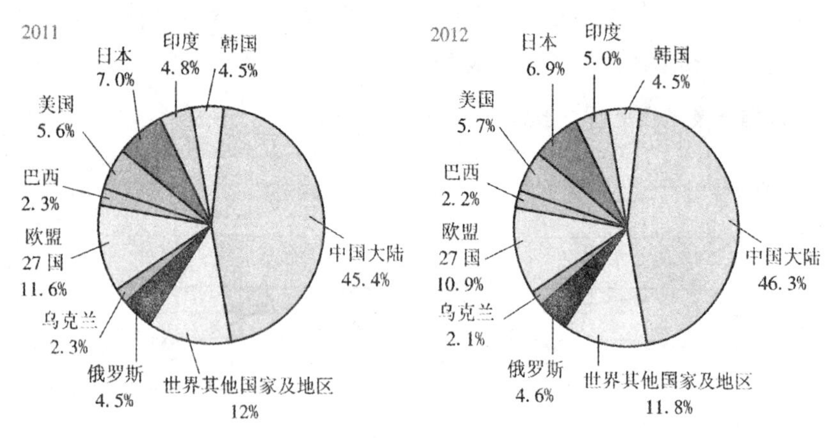


图 7.2　各国在全球钢铁产量中的占比

资料来源:http://www.guancha.cn/ndustry/2013_01_25_123060.shtml

### 7.4.2　淘汰落后产能、经济转型、改变产业结构

1830 年,英国煤产量占了全球产量的 4/5; 到 1848 年,英国的铁产量比世界其他国家铁产量的总和还多。世界上,第一个现代工业社会就这样诞生了。终于,1873 年 12 月、1880 年、1892 年连续在伦敦发生夺命大雾。1873 年 12 月的烟雾事件后,英国在 1875 年通过了公共卫生法案,开始了减少城市污染的尝试。

城市大气污染问题既与燃料结构有关,也是人口、交通、工业、建筑高度集聚的结果。对于这样一个综合性的难题,必须结合地形、气象、能源结构、绿化、产业结构和布局、建筑布局、交通管理、人口密度等多种自然因素和社会因素综合考虑,采用综合性的办法加以解决。

一个大城市环境要变好，产业转型更为关键。伦敦乃至整个英国，环境比工业革命时期有了大幅提升，一个重要的原因就是不再单纯依赖制造业，大力发展服务业和高科技产业。英国经济的发展，到了一个可以让环境变好的“拐点”，这一个因素可能是根本性的。

在全球产业分工体系中，处于价值链末端的是生产环节，需要消耗大量的能源、资源，伴随大量的排放。当发展到一定的程度，服务业、现代金融业发展了，就会把产业转移出本土。对关闭的工厂，政府可以补偿；对失业的工人，政府也可以救济。在欧洲，城市的环境都变好了，这不是偶然，这是因为它们处在全球分工体系的高端。

### 7.4.3 转型遇到的问题

## 人民日报2013年11月15日讯：今冬煤改气面临百亿（立方米）天然气缺口 大气治理遭遇“气短”

11月15日，我国北方大部分地区正式进入供暖季。每年此时都是天然气供应最紧张的时期，而今年，各地为了治理大气污染，纷纷实施煤改气，这使得今年或将面临史上最严重的天然气供应缺口。

**需求大增，今冬天然气缺口将达100亿立方米**

日前，国家发展改革委在2013年全国天然气迎峰度冬供应保障协调会上透露，今年全国天然气供应缺口达220亿立方米，经过各方努力挖潜后，仍有100亿立方米左右的缺口，而去冬今春，天然气缺口仅为40亿立方米左右。

“缺口如此之大，说到底还是需求增长太快，生产一路快跑还是跟

不上需求。”国家发改委一位相关负责人一语道破其中缘由。

我国天然气消费结构以民用为主，而且近年来呈几何级数增长。有关数据显示，我国天然气消费量1995—2012年复合年均增速为10.93%，大大高于世界同期3.52%的增速。

尤其是今年，在大气治理“国十条”的推动下，各大城市纷纷出台城市汽化规划，实施煤改气工程，此举直接拉高了天然气需求。以新疆乌鲁木齐为例，从去年供暖季后开始煤改气，一共改造了189个小燃煤锅炉。煤改气之后的第一个冬天，全市天然气需求量最高峰时达到1 700万立方米/天，而在煤改气之前，这个数字不过500万~600万立方米/天。

据有关资料显示，到2017年，京津冀及周边地区将全面淘汰燃煤小锅炉，改用天然气。北京市要求，从今年开始到2017年，将全面实现电力生产燃汽化，到2016年基本完成全市规模以上工业企业锅炉煤改气。天津市要求今年对城区供热燃煤锅炉煤改气“清零”。去年京津冀三地燃煤总量达到3.73亿吨，而今年这些燃煤都需要大量的天然气来替代。

### 开源节流，石化企业停产减产保民用

为了保障供给，国家发改委下发了“关于做好2013年天然气迎峰度冬工作的意见”，一方面要求中石油等能源企业努力开源，增大供给量；另一方面，要求压减工业用气，确保居民用户不断气。

据介绍，近年来我国天然气生产的增长幅度相当惊人，到2012年已经增加到1 075亿立方米。为了保证今年冬季供应，中石油的长庆、青海、四川、塔里木等主力气田的生产任务，在年计划的基础上又平均加码了3%。

中石油还在加紧建设地下储气库，以保障在冬季供应最紧张的时候作为应急之用。继6月西南油气田公司相国寺储气库投产后，7月，中国最大的储气库——呼图壁储气库在新疆成功投产，目前已累计注气12亿立方米。

此外，中石油等企业还加大了国外采购液化天然气现货力度，以缓解国内用气压力。

在压减工业用气方面，各地力度也相当大。11月12日，沧州大化发布公告称，按照“保民用，压工业”的原则，该公司的天然气供应将被暂停。河南的中原大化也将从11月20日开始停工80天。

工业限气也直接波及中石油自有企业。乌鲁木齐石化、宁夏石化、塔里木石化和兰州石化等企业已率先开始压减用气量。据介绍，乌鲁木齐石化的供气量由原来的250万立方米/天，下调至150万立方米/天，其化肥二厂甚至已全面停产。

尽管如此，今年天然气供应的形势仍不乐观。有咨询机构分析，随着天气转冷后真正进入冬季供暖高峰期，城市中小工业用户停气，或者出租车排队加气的现象仍难避免。全国范围内的化工厂、工业和车用等用户可能会被限气，限幅将从20%、40%开始逐步抽紧，如果遭遇持续低温等极端天气，限幅或进一步加大。

**专家提醒，各地煤改气需量力而行，合理安排进度**

面对今冬明春出现的天然气供应紧张情况，业内专家普遍呼吁社会各界要理性看待。由于中国天然气资源并不丰富，供需矛盾将长期存在。而要破解气荒难题，必须从供应和需求两方面共同发力，并充分运用政策和价格杠杆，缓解压力。

在供应方面，专家认为，进一步加大储气库建设，削峰填谷是一个

重要手段。目前,中国的储气库容量仅23亿立方米,不足年消费量的2%,远低于国际平均10%~15%的水平。而且,储气库的功能不仅局限于天然气季节调峰,更重要的价值是作为城市应急储备和国家战略储备,因此国际上的储气库建设大多由政府主导。有专家建议一些用气需求量大的城市可以自建调峰用的储气库,用于冬季供应紧张时的月度调节。

在需求方面,专家则建议在目前天然气供需矛盾紧张的现实情况下,工业企业要合理安排自己的生产和停产检修时间,争取错开用气高峰。而对于煤改气,各地则要量力而行,合理安排进度。如果过于集中,势必加重紧张局面。

在价格机制上,中国石油大学(北京)中国油气产业发展研究中心主任董秀成则认为,应继续深化天然气价格形成机制改革。长期实行低价格政策,易造成资源消费过度扩展和浪费。应在充分考虑其他能源的比价关系,以及国际市场天然气价格的同时,逐步建立我国天然气产业链各环节顺畅的价格联动机制。

## 7.5 空气污染与挥发性有机化合物的控制方法

### 7.5.1 通风

预防室内环境污染,首先应尽可能改善通风条件,减轻空气污染的程度。据调查资料,如果常开门窗换气,污浊空气可以飘走,病毒、细菌就难以在室内滋生繁殖。写字楼和百货商场等公共场所尤其要注意增加室内新风量。家庭早晨开窗换气应不少于 15 分钟。应增加室外活动,但应避免在一些大型公共场所长时间逗留。

不人为地降低室内高度。研究证明,2.8 米的房间净高有利于室内空气的流动。当居室高度低于 2.55 米时,不利于空气流动,对室内空气质量有明显影响。

对装修的房屋进行室内空气检测。房间装修后可能感觉不到气味,因为有的有害气体(比如二氧化碳、一氧化碳、苯系物等)和放射性物质是人所感觉不到的。所以最好释放一段时间或者进行检测以后再入住。

## 7.5.2 其他物理化学方法

**1. 凝聚法**

凝聚法可以通过在一定压强下降低气流温度或者在一定温度下增加气流压强的方法实现。

它通常应用于凝聚的污染物组成的液体流以及非凝聚气体。有两种基本的冷凝器类型:表面冷凝器和直接接触冷凝器。表面冷凝器的工作原理是挥发性有机化合物在管道外冷凝。接触式冷凝器通过直接向气流中喷淋冷却液体来冷却冷凝挥发性有机化合物。

**2. 半透膜法**

这种方法是使用半透膜将挥发性有机化合物从废气流中分离出来。半透膜是由合成聚合物穿孔围绕中央收集管包装组成的。气流穿过半透膜的驱动力是膜两侧使用泵后的压强差。半透膜可以透过挥发性有机化合物但不能透过空气。因此,挥发性有机化合物透过半透膜从而使空气净化并且释放回大气中。

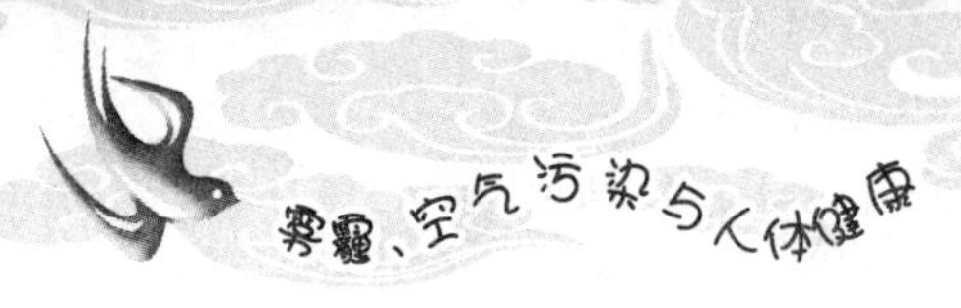


3. 紫外光氧化法

紫外光照射是一种物理化过程，通过有机物传递电磁能量。这是基于使用臭氧、过氧化氢等对挥发性有机化合物控制的新技术，将挥发性有机化合物在紫外光下转化为二氧化碳和水。紫外光增强了氧化剂的活性。最早的紫外能量来自紫外光的放射，这几乎是所有人都接受的最有效的紫外能量来源。灯源 0.75~1.5 米长，直径 1.5~2 厘米。大约有 35%~40% 的能量转变为光能。大约有 85% 的光线波长为 253.7 纳米。

4. 等离子体法

等离子是一个自由移动的电子和带正电荷的离子的混合物。非热等离子体是一种很好的气相自由基并且对于破坏污染物有其他作用。非活性的热等离子体，如氢氧根自由基，臭氧分子及氧和氮原子，可以带着气味和有毒气体一起反应并且把它们转化为非气味和非毒性的分子。

等离子体可以在两个电极之间在瞬间（1~10 毫秒）高压（10~30 千伏）下产生，也可以通过电子束和绝缘体击穿（DBD）来产生。DBD 也被称为电晕放电，利用了放电间隙和两个电极放电使用的绝缘材料中的一个。当对面的差距可能达到击穿电压，作为一个稳定材料的介电行为，导致在放电间隙蔓延短脉冲微放电，形成放电间隙。换种说法就是，电子束的方法是依靠电子枪向物体发射高能电子。通过在路径上的相互撞击作用，高能电子产生众多的分子氧化挥发性有机化合物和无机挥发性物质。这种使用非能的等离子体处理气态污染物是有前景的。但是仍旧在早期的研究和开发阶段。等离子体可以按照电化学的过程进行分类。

5. 吸附法

吸附法的原理是挥发性有机化合物气体分子接触固态吸附剂表面并且通过分子间作用力连接在一起。

活性炭是到目前为止处理挥发性有机化合物最常用的吸附剂。其他的包括硅胶、矾土和沸石。它们在可控制条件下通过高温加热移去表面非碳成分并且增加表面积之后具有活性。几种类型的碳吸附是可行的，但是更多的是混合再生吸附床。它具有两个或者更多的活性炭吸附床同时吸附。系统在至少一张吸附床和解吸的其他床的同时吸附下的连续运行是可能的。吸附剂的再生是通过已吸附的气体挥发或者增加温度降低吸附床的压力实现的。其他的再生方法有化学法、溶剂冲洗法、感应加热（焦耳效应、电磁感应）法等，此外，生物氧化法正在开发研究探讨中。

6. 燃烧法（火焰高能焚化炉接触法）

挥发性有机化合物被通风系统所收集，并在高温下预热、氧化形成二氧化碳、二氧化硫和水。这是最初控制挥发性有机化合物的应用方法，包括危险废物和气味化合物。

这种方法对于低气体流量和低颗粒浓度有敏感性。一共有 3 种焚化炉设施用于空气污染控制：火焰、热能和接触式（催化）焚化炉。火焰焚化炉利用开放式火焰和空气促进污染物分解。它应用于基本的紧急控制，但是也可以用于挥发性有机化合物控制。在精炼油厂和化工单位，火焰的最初作用是作为挥发性有机化合物减排技术。热能焚化炉在高温下（650~800 摄氏度）运转并且被广泛使用。

催化焚化炉是热能焚化炉的替代物，它们通过催化剂床预热气流的氧化燃烧来运转。催化剂使燃烧比所需温度低 250~500 摄氏度。通

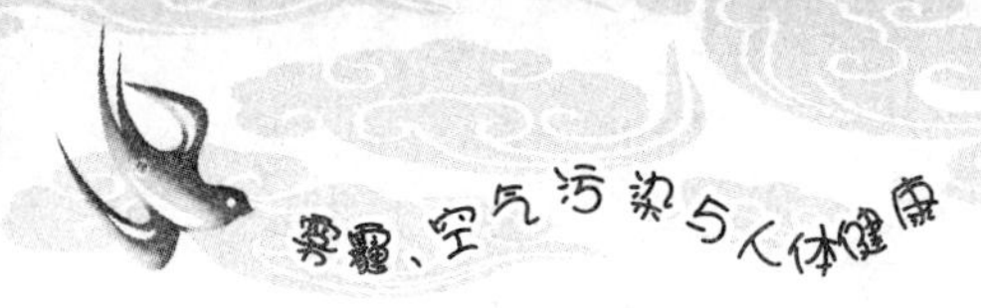


常，催化剂是铂或钯族金属，厚厚地涂在惰性涂层材料上（陶瓷、金属网、蜂窝状结构等）。

7. 掩蔽法

掩蔽法是用比气味分子更强大的气体分子压倒气味分子。掩蔽化合物通常只使用一种香精油，让它们的气味弥漫整个空间，因为只使用一种香精油，掩蔽法通常不需要修饰或者抵消气味分子。如果它们的气味掩盖了高浓度有毒的挥发性有机物，这些产品的应用会变得危险。除了掩蔽剂，其他脱臭产品也是可行的。这样的一些化学物质可以有效地对付硫化氢、甲硫醇，而其他的则需要酶的作用。

8. 腐蚀性冲洗法

吸收需要强碱性条件。将含有污染物的气流输入到高碱度吸收塔（即氢氧化钠占 50%，pH 值大于 12）中。吸附剂不在这个过程中再生，这意味着高的试剂消耗。

9. 化学沉淀法

含有硫化氢的气流在吸收塔中被处理，当其分解后，加入亚铁离子，会出现硫化亚铁沉淀。其中亚铁离子并不存在，需要大量地消耗试剂。

10. 氯气氧化法

当硫化氢在洗涤塔被分解后，用次氯酸钠氧化产生硫或硫酸盐。

11. 臭氧氧化法

硫化氢在洗涤塔中分解并且用臭氧氧化。这种方法也可以应用于挥发性有机化合物。

臭氧是一种强氧化剂，但价格昂贵。硫氧化几乎是瞬间的，因为臭氧不稳定，所以原位生成是必需的。

### 12. 高锰酸钾或高锰酸盐氧化

在硫化氢冲洗过之后，可以用高锰酸盐氧化。这种方法由于其高造价并不具有吸引力，并且锰盐氧化必须注意避免发生环境影响。

## 7.5.3 生物方法

微生物处理废物的方式长久以来被用于处理废水和固体废弃物。在水处理案例中，人们已经认识到微生物能有效降解污染物，在低浓度（低于 $5\,000\times10^{-6}$）、低温度、低 pH 值，有氧或无氧条件下均可。在处理固体废弃物的案例中，人们发现微生物可以有效减少大量固体，例如堆肥或者降解土壤中的有害污染物。

生物空气处理系统是以微生物将某些有机和无机污染物转化成毒性较低、无味的化合物的能力为基础的。空气中的污染物，其降解过程实际上是氧化性的，最终产品为二氧化碳、水、硫酸和硝酸。

第一份关于空气生物学处理系统的报告是关于处理土壤层中来自下水道污物的气味的（Leson & Winer，1991），1960—1970 年，结果表明，生物反应是消除污染物的主要机制，并且首先在新泽西、德国和美国（Ottengraff，1986）被用于商业。最早的应用普遍是开放的生物净化，而且这些应用用于处理来自各种源头的气味，比如用于处理下水道污染物、有气味的植物、渲染设施、堆肥、食品加工和农场（Leson & Winer，1991）。进一步的发展包括更好的技术支持，这些技术可以提高处理效果以及控制稳定性。生物滤池的发展包括封闭系统和改进的控制。20 世纪 80 年代以来（Ottengraff and van der Oever，1983），针对生物空气处理系统的基本原理出现了非常广泛的研究，并且新系统已经成功实施（Bohn，1992）。技术改进提高了生物降解率和效率，可以

减少失误，增加应用项目数目，并减少投资和经营成本。

在空气中挥发性物质的消除，首先需要气态污染物从气流中转移到具有生物活性的水相中。然后，这些微生物将这些分子作为生长所需的营养源和能源，用以产生更多的生物量和二氧化碳、水、硫酸、硝酸等副产品。由于生物空气处理系统一般对其他营养物质的投入有限，成形的生物质要被部分回收。这一进程的整体效率取决于物理、化学和生物过程的相对速率。

生物方法对于处理有气味的气体和挥发性有机化合物是经济有效的。工业中使用的生物空气处理器包括生物过滤器、滴滤波器和生物涤气器。一般而言，高溶解性且分子量较小的有机化合物（如甲醇、乙醇、醛类、醋酸盐、酮类和一些芳香族的化合物等）和无机化合物（如硫化物、氨等）在上述这些反应器中都很容易降解。分子量较低的脂肪族化合物例如甲烷、戊烷和一些含氯化合物很难降解（Devinny 等，1999）。最新的生物处理器包括转鼓生物过滤器、平流生物过滤器、泡沫乳胶生物过滤器、高频电控生物过滤器（Gabriel 等，2002）、结合高等植物的生物过滤器（Guilbault，2002）以及微波集中生物过滤系统（Webster 等，2002）。

## 7.6 空气污染的个体防护

### 7.6.1 空气加湿器与空气净化器

炎热的夏季和异常干燥的冬季，不但容易产生呼吸道疾病传染，还会导致人的皮肤水分过度流失，加速衰老。室内空气加湿，可以通过洒水、放置水盆等方式进行，但最方便的还是使用加湿器。

空气加湿器是一种增加房间湿度的家用电器。加湿器可以给指定房间加湿，部分加湿器还能在雾化过程中释放大量负氧离子，能有效增加室内湿度，滋润干燥空气，并与空气中漂浮的烟雾、粉尘结合使其沉淀，能有效去除油漆味、霉味、烟味及臭味，使空气更加清新，保障您和家人的健康。

一般人认为出雾量大，加湿效果就好，但事实并非如此，雾量主要看是否细密，如果雾较白，就说明水分子的颗粒较大，因此，在看出雾量的同时，可以用手感觉水雾，方法是将雾量旋钮调至中等处，观察水雾是否细密、透明且上扬。此时可将手掌距喷雾口 10 厘米，连续喷雾 15 秒，若能感觉到手掌润泽且无水珠滴落，则说明雾化效果可达到均匀细密、迅速增湿的要求。但加湿效果是一个综合概念，不仅要水分子细密，更要加湿速度快，选购时应考虑这些。

加湿器使用时，一定要定期清理，否则加湿器中的霉菌等微生物随着汽雾进入空气，再进入人的呼吸道中，容易患加湿器肺炎。此外，空气的湿度也不是越大越好，冬季人体感觉比较舒适的湿度是 50% 左右，如果空气湿度太大，人会感到胸闷、呼吸困难，所以加湿要适度。

冬季气候干燥，使用加湿器可以保持空气的湿润，但是空气的湿润也有一定的标准，湿度过高，反而对人体不利。冬季人体感觉比较舒适的湿度是 40%~60%，一旦空气湿度低于 20%，室内的可吸入颗粒物增多，则容易使人患上感冒。在空气湿度为 55% 时，病菌较难传播，但若空气湿度太高，如超过 90%，会使人体呼吸系统和黏膜产生不适，免疫力下降，对老年人尤其不利，会诱发流感、哮喘、支气管炎等。

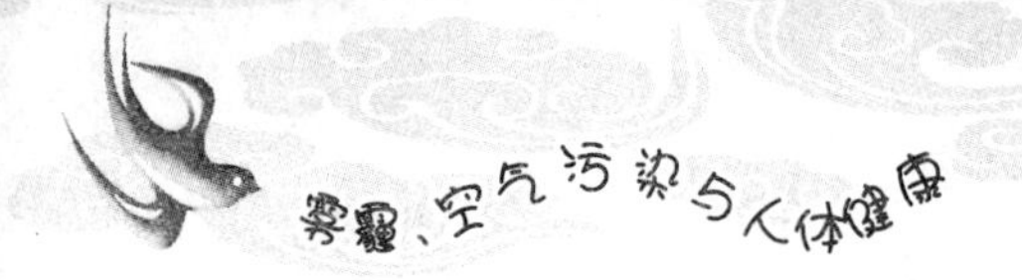


一些关节炎、糖尿病患者应当慎用空气加湿器。因为,潮湿的空气会加重该类病人的病情。若该类病人确实需要使用加湿器,应与医生商量沟通,确定合适的湿度,以稳定原发病的病情。

空气净化器因最近几年的空气质量变化而逐渐在市场中走红,致使各大电商网站及家电卖场中的该类产品销量连续走高。

其实,空气净化器这类产品出现在市场上已有多年,其主要功能是净化二手烟、花粉、甲醛及目前大家非常关注的空气中的颗粒污染物。空气净化器的工作原理是将室内空气吸入净化器内并对空气进行除尘除味处理之后排出干净的空气。

目前市场上热门的空气净化器大多数为复合型,即使用了多种空气净化技术和过滤材质的产品。其中 HEPA(HEPA 为 High Efficiency Particulate Air Filter 的缩写,意为高效空气过滤器)过滤技术、静电集尘技术、活性氧技术、负离子技术及光触媒技术为常用技术,而 HEPA 材料、光触媒、活性炭及负离子发生器为过滤材质。

首先我们来关注一下目前最常见到的 HEPA 过滤技术。而 HEPA 滤芯通常采用的材质为复合玻璃纤维材质及聚丙烯(PP)滤纸材质。其特点是对 0.3 微米(头发直径的 1/200)以上的微粒能够进行过滤,风阻小、过滤精度高。HEPA 滤芯应用在医疗等诸多领域。使用 HEPA 滤芯过滤 PM2.5 污染颗粒对滤芯的密度、厚度有一定的要求。HEPA 滤网越厚,其折叠的层数会越多,净化空气能力更强。因此,对于家庭用户来说, HEPA 滤网的寿命值得关注,滤网的后续维护是让空气净化器能够持续工作的基本保障。

而空气净化器无法让消费者可完全依赖的原因之一就是 HEPA 滤网的维护。HEPA 滤芯的材质有多种,其使用寿命均在 6~8 个月。消费者在购买空气净化器之后如在滤芯寿命到达之时没有进行更换，堆积在滤芯上的细菌会大量繁殖并造成污染，那么滤芯的工作效率将大打折扣。同时市场上也有品牌推出 HEPA 滤网可进行水洗，但每次水洗均会让滤芯的密度受到影响，导致对 PM2.5 颗粒污染无法进行抵抗。如此时消费者依旧依赖空气净化器，那么依旧会受到污染物的污染。所以消费者一旦发现空气净化器上的 HEPA 滤芯有很明显的污染，应该及时进行清理或者更换。如采用了活性炭滤网，长时间使用之后需要在阳光下暴晒，增加其活性。

此外，目前市场上采用静电式除尘技术的空气净化器也是各大卖场销售人员所推荐的产品。静电式除尘技术利用阳极放电使空气中的颗粒污染物带上正电荷，并利用库仑力作用将带电颗粒污染物吸附在集尘装置上，从而净化空气。而采用该种技术没有办法消除颗粒污染物上的细菌，并且在使用过程中会产生臭氧，臭氧的半衰期长达半小时之上，也是会对人体健康带来影响的。因此，使用中需要降低工作电压、减少电场强度以减少臭氧发生，或者在此类空气净化器上内置吸附臭氧消除器装置，才能有效地缓解这一问题。不过我们看到，市场中的一些品牌产品并不会在机身上标注“无臭氧认证”等标识，显然这也让消费者无法了解到购买的产品最真实的信息。

空气净化器的使用目的是为了让空气更为洁净。我们知道，目前国际公认的净化性能指标——洁净空气量（Clean Air Delivery Rate，简称 CADR），其单位为立方米 / 小时。这里，消费者可直接理解为空气净化器功率越大，输出的洁净空气量越高，也就是说高效的净化能力来自强劲的循环风量。同时国际标准对空气净化器的要求为每小时将净化房间内的空气过滤五次以上，才能满足净化空气的需求。

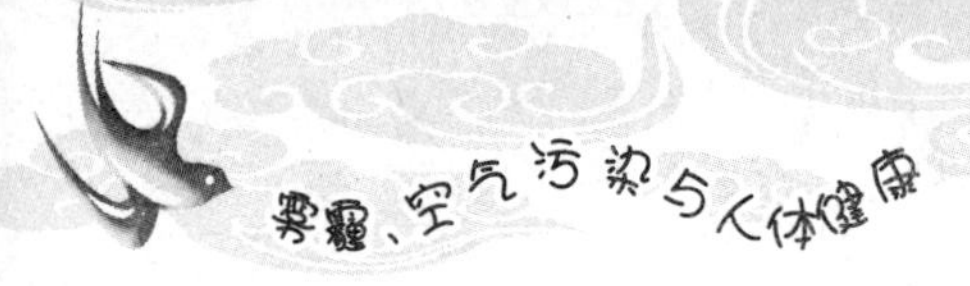


而在国内销售的空气净化器产品并没有在包装上注明产品的CADR值，而是强调了自己采用了哪些净化技术或者满足多少平方米房间的净化需求，缺少国际公认的性能指标，不免有些混淆视听的嫌疑。

没有CADR值的标识，消费者可能只知道自己的空气净化器拥有非常出色的净化技术，但是否能够满足自己需要净化的房间的要求则没有参考依据。销售人员如再对CADR值避而不谈，消费者需要净化50平方米的房间，却买到了功率只满足30平方米房间要求的空气净化器，那么空气过滤循环的次数达不到标准，室内空气污染依旧严重。

此外，不少空气净化器品牌并没有提供对滤芯更换预警装置的服务，用户在长时间使用空气净化器之后，滤芯上堆积的灰尘及细菌不仅会降低净化器效果，也会造成二次污染。用户只能在发现净化器发出异味之后才会想起更换滤芯，而此时用户在自认为被净化过的环境下已被含有PM2.5的污染颗粒污染已久。

空气净化器的国家标准为2008年修订的GB/T 18801。而非常尴尬的是，消费者所需要防御的PM2.5污染并没有在这份2008年修订的国家标准当中。这份空气净化器国家标准中考核的颗粒物为0.3~3微米，而PM2.5的颗粒为0.1~2.5微米，缺少了部分颗粒直径考核数据。而空气净化器吹得神乎其神的PM2.5净化能力让消费者难以辨别。虽然不少国外品牌的空气净化器获得了AHAM（美国电器协会）的检验，但对不少国产品牌暂无约束力，好坏全凭厂商良心。因此，消费者在选购时不仅要听销售人员的介绍，也要查看随机附带的检测及颗粒污染物的过滤报告。

此外，市场上销售的空气净化器大多数宣称能够净化99%的

PM2.5 颗粒物。但专家通过对市场上销售的空气净化器进行测试，大多数达不到其标称的净化能力。而实际上厂商对此偷换概念，使用了净化效率的数值进行宣传，净化效率为空气净化器去除颗粒物 PM2.5 的洁净空气量与空气净化器的额定风量比值，与去除 99% 的 PM2.5 颗粒物意义完全不一样，并且中国作为空气净化器的主要生产国家，超过 50% 的空气净化器最终出口国外。国外对空气净化器的使用往往是降低室内甲醛、花粉等致过敏有害物质，只能满足对部分 PM2.5 的颗粒过滤。

### 7.6.2 空调病的防护

近年来随着空调的普及，炎炎夏日，办公室有空调，汽车有空调，家中也有空调，不少人产生了“空调依赖症”。长时间处在空调环境中，尤其是中央空调的环境中，亦极易导致“空调病”。

空调病的发生是因为房间密闭性强、空气流动性差、风量小、长时间不开窗、阳光不足，使房间的湿度和温度条件变成致病因子的温床，导致霉菌、细菌、病毒等各种微生物大量繁衍寄生在寝具、地毯、窗帘、家具上。人们在这样的环境中，一是大量微生物滋生，容易感染微生物引发的疾病，二是温度设定得太低，与室外温差大，一进一出容易感冒。空调病的症状主要包括由于忽冷忽热导致的物理性病变、微生物引起的疾病和在恒温的冷藏地常见的关节循环方面的不适。空调病往往是几种症状并发的复合疾病。

空调病的主要症状因各人的适应能力不同而有差异。一般表现为畏冷不适、疲乏无力、四肢肌肉关节酸痛、头痛、腰痛，严重的还可引起

口眼歪斜,原因是耳部局部组织血管神经机能发生紊乱,使位于茎乳孔部的小动脉痉挛,引起面部神经原发性缺血,继之静脉充血、水肿,水肿又压迫面神经,患侧口角歪斜。

一般地说,易患空调病的主要是老人、儿童和妇女。老人、儿童是由于身体抵抗力低下,而妇女是由于衣着单薄,又袒胸露臂。

预防空调病,需要注意以下事项。

①使用空调必须注意通风,每天应定时打开窗户,关闭空调,增气换气,使室内保持一定的新鲜空气量,且最好每两周清扫空调机一次。

②从空调环境中外出,应当先在有阴凉的地方活动片刻,在身体适应后再到太阳光下活动;若长期在空调室内者,应该到户外活动,多喝开水,加速体内新陈代谢。

③空调室温和室外自然温度不宜过大,以不超过5摄氏度为宜,夜间睡眠最好不要用空调,入睡时关闭空调更为安全,睡前在户外活动,有利于促进血液循环,预防空调病。

④在空调环境下工作、学习,不要让通风口的冷风直接吹在身上,大汗淋漓时最好不要直接吹冷风,这样降温太快,很容易发病。

⑤严禁在室内抽烟。

⑥应经常保持皮肤的清洁卫生,这是由于经常出入空调环境,冷热突变,皮肤附着的细菌容易在汗腺或皮脂腺内阻塞,引起感染化脓,故应常常洗澡,以保持皮肤清洁。

⑦使用消毒剂杀灭细菌,防止微生物的生长。

⑧增置除湿剂,防止细菌滋生。

⑨不要在静止的车内开放空调,以防汽车发动机排出的一氧化碳回流车内而发生意外,即一氧化碳中毒。

⑩工作场所注意衣着，应达到空调环境中的保暖要求。

空调病的预防主要是上述10条，若出现感冒发热、肺炎、口眼歪斜时，就要及时请医生诊断治疗。

### 7.6.3 饮食控制与中医药预防空气污染的危害

饮食是继吸烟后被众多科学家认为另一个和肿瘤关系最密切的因素。国外有研究证明，大量地食用新鲜蔬菜、水果、类胡萝卜素，能够降低肺癌的危险性。特别是近来在香港、纽约等地所做的研究中显示，食用新鲜蔬菜、水果等对女性肺癌的保护作用可能强于男性。饱和脂肪的消费是一个肺癌高危险因素。红肉高温加工过程中能产生致癌物——异胺环，多吃长时间煮的红肉、煎炸肉会增加女性肺癌危险性。美国疾病控制中心的一项关于饮食与肺癌死亡率的研究表明，摄入红肉对肺癌的相对危险性 $RR$=1.6。

雾霾天气，空气质量极低，对呼吸系统影响最大，可以引起急性上呼吸道感染、急性气管炎、支气管炎、肺炎、哮喘发作等疾病。另外，雾霾天气持续不散，会加重老年人循环系统的负担，可能诱发心绞痛、心肌梗塞等。由于雾霾天日照减少，儿童紫外线照射不足，体内维生素D生成不足，对钙的吸收大大减少，严重的会引起婴儿佝偻病、儿童生长减慢，对老人也有影响。

平时应多饮水，注意饮食清淡，少食刺激性食物，多吃豆腐、牛奶、黄花鱼（及其他海鱼）、动物肝脏、蛋黄、瘦肉、乳酪、坚果，这些食物中富含维生素D，对补钙很有利。

以白萝卜、银耳、山药、百合、大白菜为代表的白色食物，可以润燥

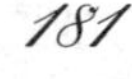

清肺，对肺有保养功效，不妨多吃。银耳的最佳吃法首推银耳羹，加些梨、百合、大枣、枸杞，滋阴润肺效果更佳。同时，秋冬季干燥少雨，气温下降，这五种食物也是冬季进补的好食材。

下面介绍几个预防空气污染的饮食疗方。

**1. 雪梨炖百合**

雾霾天对呼吸系统影响最大，容易引起急性上呼吸道感染、肺炎等疾病。此时，应多吃润肺食物，例如雪梨、橘子、百合、莲藕、荸荠等。为大家推荐一道好学好做的润肺抗病毒药膳——雪梨炖百合。

原料：雪梨 2 个，百合 50 克，冰糖 20 克。

做法：百合用清水浸泡 30 分钟，放到开水锅中煮 3 分钟，取出沥干水分；雪梨挖去梨心，洗净，连皮切块；把雪梨块、百合放入砂锅中，加入适量的水，小火煲 20 分钟，加入冰糖溶化后，即可食用。

**2. 豆腐治痰喘**

豆腐 500 克，在中间挖 1 个窝，内装红糖、白糖各 10 克，连碗一起放锅内炖 25 分钟，一次吃完，连服 2~4 天。

**3. 罗汉果茶**

罗汉果是我国特有的珍贵葫芦科植物，素有良药佳果之称。果实中含有丰富的葡萄糖、果糖及多种维生素等，有清肺去尘的功效。雾霾天，户外工作者可以选择午后休息时喝杯罗汉果茶，因为人在上午吸入的灰尘杂质比较多，午后雾气散去，这个时候喝就能及时清肺。

**4. 罗汉果雪梨茶**

生梨性寒味甘，有润肺止咳、滋阴清热的功效，特别适合雾霾天食用。配上有利清肺的罗汉果效果更佳。

**5. 银耳莲子百合汤**

雾霾天多吃点健脾补气的食物可以增强抵抗力。银耳和莲子都具有补脾开胃的功效,百合还能清肺安神,这三者煮成甜汤味道也很不错。

## 7.6.4 雾霾天要戴口罩

首先应做到大雾天戴好口罩再出门,防止毒雾由口鼻侵入肺部,有晨练习惯的人,应停止户外活动。

2003 年非典时期,一种形似防毒面具的 N95 医用防护口罩成为市场上的宠儿。与前两种口罩相比,这种防护口罩在防尘方面就专业得多了。口罩型号所称的 N95 是基于美国标准,该标准将医用防护口罩分为三大类九种型号。N 代表非油性颗粒,另有 R、P 型代表油性颗粒。非油性颗粒物包括煤尘、水泥尘、酸雾、焊接烟、微生物等;油性颗粒物则包括油雾、油烟、焦炉烟等。每一型号又分为三种过滤效能级别,分别为 95%、99% 和 100%。N95 的意思即为“过滤非油性颗粒效率为 95% 的防尘口罩”。我国的防尘口罩标准没有划分得这么细,但 N95 仍然是此类防尘口罩的最低标准。

目前认为,大气中对人体健康威胁最大的颗粒物是直径为 10 微米以下的可吸入颗粒物(PM10),尤其是直径为 2.5 微米以下的可入肺颗粒物(PM2.5)。针对这些身型微小的颗粒, N95 的过滤效果是值得肯定的。在 N95 的生产标准中,作为颗粒物的检测样本是直径为 0.1~0.5 微米的氯化钠气溶胶,合格的 N95 口罩对于这种气溶胶的过滤率应在 95% 以上。所以,如果正确佩戴 N95 或级别更高的防尘口罩,即便空气质量指数(AQI)报告重度污染,外出的我们也能稍稍安心些。

## 7.7 我国政府应对空气污染的措施

1987年,全国人大颁布了《中华人民共和国大气污染防治法》(以下简称《大气污染防治法》),先后于1995年和2000年进行了两次修订,说明我国政府越来越重视法律手段在防治大气污染中的作用。通过两次修改,使它增添了新的内容,又确立了一些新的制度,原有的法律规范也得到了充实与完善,有的还作了相当大的改动。1987年的法律条文为41条,经过两次修改,2000年时增至66条。这些变化,正是以法律形式反映了国家要实现经济和社会可持续发展战略,着力控制大气污染,谋求良好自然环境的恢复,为人民造福所作的决策和所采取的积极行动。我国政府全面推动了我国大气污染防治工作。国务院及有关部门制定了一系列配套法规,实施了200多项大气环境标准,初步形成了较为完备的大气污染防治法规标准体系。

该法共7章66条,对大气污染防治的监督管理体制、主要的法律制度、防治燃烧产生的大气污染、防治机动车船排放污染以及防治废气、尘和恶臭污染的主要措施、法律责任等均做了较为明确、具体的规定。其重要的制度如下。

**一、大气污染物排放总量控制和许可证制度**

这是防治大气污染的一项重要制度,也是2000年修订《大气污染防治法》时新确立的法律规范。提出建立这项制度的意图在于,当前在我国许多人口和工业集中的地区,由于大气质量已经很差,即使污染源实现浓度达标排放,也不能遏制大气质量的继续恶化,因此,推行大气污染物排放总量控制势在必行。

在《大气污染防治法》中首先规定,国家采取措施,有计划地控制或者逐步削减各地方主要大气污染物的排放总量;地方各级人民政府对本辖区的大气环境质量负责,制定规划,采取措施,使本辖区的大气环境质量达到规定的标准;同时规定,国务院和省、自治区、直辖市人民政府对尚未达到规定的大气环境质量标准的区域和国务院批准划定的酸雨控制区、二氧化硫污染控制区,可以划定为主要大气污染物排放总量控制区,并且进一步明确,主要大气污染物排放总量控制的具体办法由国务院规定。

在这个基础上,《大气污染防治法》中又规定,大气污染物总量控制区内有关地方人民政府依照国务院规定的条件和程序,按照公开、公平、公正的原则,核定企业事业单位的主要大气污染物排放总量,核发主要大气污染物排放许可证。对于有大气污染物总量控制任务的企业事业单位,《大气污染防治法》则要求,必须按照核定的主要大气污染物排放总量和许可证规定的条件排放污染物。

**二、污染物排放超标违法制度**

该法对大气环境质量标准的制定、大气污染物排放标准的制定作出了规定,同时该法率先于其他环境污染防治法律明确了“达标排放、超标违法”的法律地位,规定:向大气排放污染物的浓度不得超过国家和地方规定的排放标准。超标排放的,应限期治理,并被处一万元以上十万元以下的罚款。

**三、排污收费制度**

征收排污费制度的实质是排污者由于向大气排放了污染物,对大

气环境造成了损害，应当承担一定的补偿责任，征收排污费就是进行这种补偿的一种形式。这种制度，一是体现了污染者负担的原则；二是实行这种制度可以有效地促使污染者积极治理污染，所以它也是推行大气环境保护的一种必要手段。因此，在《大气污染防治法》中作出如下一些规定。

①国家实行按照向大气排放污染物的种类和数量征收排污费的制度，这是从法律上确立了这项制度。

②根据加强大气污染防治的要求和国家的经济、技术条件合理制定排污费的征收标准。

③征收排污费必须遵守国家规定的标准，具体办法和实施步骤由国务院规定。

④征收的排污费一律上缴财政，按照国务院的规定用于大气污染防治，不得挪作他用，并由审计机关依法实施审计监督。

除了上述三项主要内容外，《大气污染防治法》还有以下重要内容：建设项目的环境影响评价和污染防治设施验收、特别区域保护、大气污染防治重点城市划定、酸雨控制区或者二氧化硫污染控制区划定、落后生产工艺和设备淘汰、现场检查、大气环境质量状况公报等制度。

《大气污染防治法》中除了上述对大气污染防治采取的一些带有共性的监督管理措施，对防治燃煤污染、防治机动车船污染和防治废气、尘和恶臭污染则分别用专章作出了专门的规定。

**一、防治燃煤污染的措施**

在我国，煤炭占一次能源消费量的 70% 左右，并且由于煤炭资源的相对丰富，它在我国能源结构中所占的重要地位不会轻易改变。所以对于燃煤特别是直接燃用煤炭导致的大气污染给予了重视，成为防治大气污染的一个重点，因而在《大气污染防治法》中专列一章规定了相关的措施，主要内容包括：控制煤的硫分和灰分、改进城市能源结构、推广清洁能源的生产与使用、发展城市集中供热、要求电厂脱硫除尘、加强防治城市扬尘工作等。

**二、机动车船污染控制的措施**

机动车船在流动中排放大气污染物，这种流动污染源有其特点，但是又必须加以控制，因此在《大气污染防治法》中专门对防治机动车船排放污染作出了明确规定：任何单位和个人不得制造、销售或者进口污染物排放超过规定标准的机动车船；在用机动车不符合制造当时的在用机动车污染物排放标准的，不得上路行驶；同时对机动车船的日常维修与保养、车船用燃料油、排气污染检测抽测等作出了原则规定。考虑到机动车船排放污染的流动性这一特征，在机动车船地方标准的制定权限方面也作出了特殊规定，即省、自治区、直辖市人民政府制定机动车船大气污染物地方标准严于国家排放标准的，或对在用机动车实行新的污染物排放标准并对其进行改造的，须报经国务院批准。

**三、防治废气、尘和恶臭污染**

废气、尘和恶臭是造成大气污染的主要污染物，必须采取一些特定的措施进行防治，以防止或者减轻对人体健康的危害，防止或者减轻对动物、植物的危害，防止对经济资源的损害，也要防止严重的污染所导致的大气性质的改变。在《大气污染防治法》中规定的主要措施有如下几项。

在防治粉尘污染方面，要求采取除尘措施，严格限制排放含有毒物质的废气和粉尘。

在防治废气污染方面，要求回收利用可燃性气体、配备脱硫装置或

者采取其他脱硫措施。

在防治恶臭污染方面，规定特定区域禁止焚烧产生有毒有害烟尘和恶臭的物质以及秸杆等产生烟尘污染的物质。

在防治城市扬尘污染方面，要求人民政府采取措施提高人均绿地面积，减少裸露地面和地面尘土，消除或者减少本地的空气污染源。

在餐饮业油烟污染方面，要求城市饮食服务业的经营者，必须采取措施，防治油烟对附近居民的居住环境造成污染。

在消耗臭氧层物质替代产品方面，专门规定，国家鼓励、支持消耗臭氧层物质替代品的生产和使用。

自 2003 年到 2008 年，有关部门已连续五年开展了整治违法排污企业、保障群众健康环保专项行动，查处环境违法企业 12 万多家（次），取缔关闭违法排污企业 2 万多家，维护了人民群众的环境权益。

"能源节约工作取得阶段性进展，全国单位国内生产总值能耗逐年下降。"统计显示，与 2005 年相比，2008 年全国单位国内生产总值能耗下降 10.08%，相当于近三年累计节约能源约 2.9 亿吨标准煤，减少二氧化硫排放 329 万吨。2006 年以来，国家已安排 170 亿元支持农村沼气建设，建成农村户用沼气达 3 050 万户，农村居住环境有所改善。

环境保护部统计显示，截至 2008 年底，全国已建成脱硫设施的火电装机累计 3.63 亿千瓦，形成年脱硫能力约 1 000 万吨。与 2005 年相比，脱硫装机占火电总装机的比例由 12%上升到 60.4%，二氧化硫排放总量减少了 8.95%。

国家还通过进一步加大产业结构调整力度防治大气污染。有关部门先后出台了《促进产业结构调整暂行规定》《产业结构调整指导目录》，限制高排放、高耗能行业盲目扩张。建立更加严格的环境准入制度,提高了铁合金、焦化、电石等10多个行业的环境准入条件。建立了落后产能退出机制,实施经济补偿政策,进一步加大淘汰落后生产能力工作力度。

据统计,2007年至2008年,全国共淘汰落后生产能力水泥1.05亿吨、炼铁6 000万吨、炼钢4 300万吨、焦化6 445万吨、土焦4 700万吨、火电装机3 107万千瓦,有力地促进了产业结构优化,工业大气污染物排放强度持续下降。与2000年相比,2008年全国单位国内生产总值二氧化硫、烟尘、工业粉尘排放量分别下降了57%、76%和82.8%。

北京市在2008年奥运会期间,针对严重的大气污染状况进行了严厉的整治,起到了良好的效果。北京市12条交通干道奥运期间的交通流量比奥运前减少了32.3%,PM10浓度从142.6微克/立方米下降到102.2微克/立方米,平均下降了28%。奥运场馆附近的PM10浓度与奥运前相比下降了51.6%。

北京奥运会期间黑炭、超细颗粒物浓度比奥运前明显降低。奥运期间大气颗粒物污染水平的明显降低,与奥运期间人群健康相关的经济损失(心肺系统疾病发病率和死亡率)的下降呈正相关,加强机动车限行和污染排放控制措施在其中起了重要的作用。

正常情况下,人体心脏节律会随身体状况和昼夜交替而改变,这种心率的规则性变化称心率变异性(heart rate variability, HRV),HRV降低可增加人体心血管疾病发病的风险。一项以年轻健康出租车司机为对象的研究发现,奥运期间HRV均高于奥运前和奥运后,说明奥运期间HRV功能的好转与奥运期间PM2.5的降低有关。另一项在老年人群中开展的定组研究同样发现,奥运会期间老年人群的HRV水平高于

非奥运会时期，且人群的 HRV 水平与 PM10、二氧化氮和二氧化硫等污染物均存在显著性关联。

一项流行病学调查发现，北京市某医院在奥运会期间的日均哮喘门诊量较对照期（2008 年 6 月份）下降了 41.6%。另一项研究结合空气质量模型、工程学、流行病学和经济学等数据，综合性评价了 2004 年至 2008 年间道路交通排放对北京市人群健康的影响。评价结果显示，大部分与机动车尾气排放有关的健康问题（包括急、慢性支气管炎，呼吸系统疾病入院，哮喘发作等）的发生数在 2005 年至 2007 年间均有不同程度的升高，但在 2008 年却出现降低。上述研究结果表明，2008 年奥运会期间的大气质量改善有效地减少了人群相关疾病的发生。

有研究者监测了奥运会前后北京市大气中多环芳烃（PAHs）的含量变化，并据此估计其对人群致癌危险性的变化，研究结果显示，PAHs 在奥运会期间所对应的苯并芘当量浓度（equivalent concentration）显著低于非奥运会时期，而与上述 PAHs 含量相对应的各时期人群超额患癌风险则表现为非奥运会时期明显高于奥运会期间。根据上述结果，研究者估计，如果污染源控制措施在奥运会之后得以延续，由上述 PAHs 导致的人群患癌风险将降低 46%~49%。由此可见，采用有效的污染源控制措施可显著降低人群的患癌风险。

上述研究结果提供了大气颗粒物控制可显著改善人群健康的直接证据，为国家控制颗粒物污染与健康危害提供了重要的科学依据。

2012 年，北京市在全国率先开展了 PM2.5 监测。2012 年 10 月 6 日，北京市 35 个 PM2.5 监测站点全部投入试运行，并实时发布试运行数据。在监测的同时，也在治理。北京制订了 2012—2020 年大气污染治理措施，先后经市政府专题会、市委常委会、国务院常务会议审议通

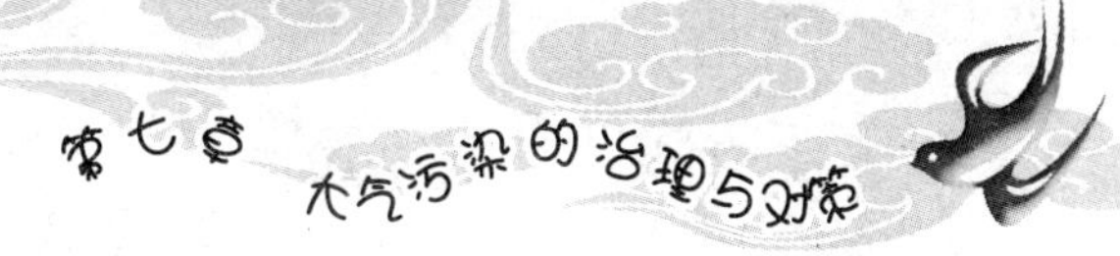


过，并由市政府发布实施。这一年，北京市完成了 2 600 吨蒸汽烟煤锅炉清洁能源改造。核心区 2.1 万户平房采暖、煤改电，推动西南烟气热点中心建成使用。同时，正式实施第五阶段车用油品标准，全年共淘汰老旧机动车 37.7 万辆，并启动了第五阶段机动车新车排放标准。

2013 年年初，首个地方政府大气污染防治法规——《北京市大气污染防治条例》被列入立法工作。各有关部门认真梳理本市大气污染治理中存在的问题，研究先进经验，总结行之有效的内容，起草了条例草案，并广泛征求意见。2013 年 6 月 19 日，市人民政府第 12 次常务会讨论通过了条例草案。

2014 年 1 月 22 日上午，经过三次审议的《北京市大气污染防治条例》，提交北京市十四届人大二次会议表决通过，并于 2014 年 3 月 1 日正式生效。大屏幕上打出表决结果：659 票赞成，23 票反对，14 票弃权。《条例》明确把“降低 PM2.5 浓度”作为大气污染防治重点，提出从源头到末端全过程控制污染物排放，加快削减污染物排放总量。

国家《大气污染防治行动计划》规定，到 2017 年，北京市细颗粒物年均浓度控制在 60 微克 / 立方米左右。北京也发布实施了《北京市 2013—2017 年清洁空气行动计划》，治理空气污染的手段和措施不断升级。此次，将“降低 PM2.5”写入地方性法规，无疑具有更强的约束性和强制力。

今后，新建、改建、扩建建设项目，在进行环评审批前，要取得重点大气污染物排放总量指标。未完成年度大气污染物排放总量控制任务的区域、行业，除民生工程外，新建项目将停批。

在此基础上，对于固定污染源污染、机动车和非道路移动机械排放污染、扬尘污染这三大类大气污染来源，《条例》分设章节，制定了详细

的防治措施。

2013年全国两会期间，会场内外，无处不见雾霾治理的讨论。“你认为雾霾天怎么治?”几乎已经成为每位代表委员都会被问及的问题，空气污染治理已成为中国全民热议的最大内政之一。

全国人大代表、贵州省委书记赵克志说：“呼吸新鲜的空气，喝上干净的水”已成为涉及民众健康和安全的‘底线’。环境保护有五部立法，但是还是太少，我建议修改完善法规，强化环境执法，建立环境保护法庭。”

而备受关注的全国政协委员、中石化董事长傅成玉则为石油、石化和汽车污染辩解：我们生活在大城市中车多，所以感觉到污染大部分来自汽车尾气，其实最大的杀手是煤炭，在我国的能源结构中，70%的能源靠烧煤获得，有的排放污染是以百万分之级别计算的，国四排放的硫污染是百万分之五十个单位，标煤的污染达到了百分之一到二个单位。煤的基数如此大，所以从全国环境治理来说，当务之急应是治煤。某个城市汽油标准再高，如果周边城市有几个炼钢厂，再加上煤炭和水泥项目，那就前功尽弃了。

全国人大代表、江苏省环保厅厅长陈蒙蒙并不认同这一说法：环保部门对南京市大气污染进行了持续的研究，2年的数据显示，机动车尾气排放的贡献率达到25%左右，比例很大。我省已淘汰老旧机动车7.5万辆，制定的目标是淘汰8.5万辆老旧黄标车，实际争取力度更大一点。

全国人大代表、天津市环境保护科学研究院总工程师包景岭认为，在修改《环境保护法》《大气污染防治法》的基础上，还要建立一些更具体的法规，如专门针对PM2.5等常规污染物以及恶臭、扰民污染物的治理予以明确规定。应建立一个生态道德、生态文化、生态环境教育机制。公众在空气严重污染的情况下，不开车，不增加新的污染源。

2013年9月12日，针对日益严重的大气污染状况以及人民群众的呼声，国务院印发《大气污染防治行动计划》，简称大气污染《行动计划》。这项被誉为"史上最严厉的"《行动计划》明确提出了"经过五年努力，全国空气质量总体改善"的行动目标，标志着我国大气污染的国家行动进入高峰。

《行动计划》明确提出，到2017年全国PM10浓度普降10%，京津冀、长三角、珠三角等区域的PM2.5浓度分别下降25%、20%和15%左右。

为了保障该目标的顺利实施，《行动计划》制定了加大综合治理力度、调整优化产业结构、建立区域协作机制、将环境质量是否改善纳入官员考核体系等十条具体措施。

十条措施强调的优化调整产业结构、调整能源结构都是长期而艰巨的任务，通过新的技术支撑，改变粗放型发展的老模式；改变煤炭为主要能源来发展经济的模式，《行动计划》要控制煤炭消费总量，加快调整能源结构。

除了区域联动机制之外，这次还提出了将环境质量纳入官员考核体系等措施，这也是最受公众关注的举措。《行动计划》首次将细颗粒物纳入约束性指标，国务院与各省（区、市）人民政府签订大气污染防治目标责任书，将目标任务分解落实到地方人民政府和企业，并将环境质量是否改善纳入官员考核体系之中。如果没有完成年度目标任务，监察机关要依法依纪追究有关单位和人员的责任。这是以前从来没有过的重大突破，而且是由国务院提出来的，"威力巨大"。

# 附录　大气污染防治行动计划

国务院 2013 年 9 月 10 日国发(2013)37 号

大气环境保护事关人民群众根本利益,事关经济持续健康发展,事关全面建成小康社会,事关实现中华民族伟大复兴中国梦。当前,我国大气污染形势严峻,以可吸入颗粒物(PM10)、细颗粒物(PM2.5)为特征污染物的区域性大气环境问题日益突出,损害人民群众身体健康,影响社会和谐稳定。随着我国工业化、城镇化的深入推进,能源资源消耗持续增加,大气污染防治压力继续加大。为切实改善空气质量,制订本行动计划。

总体要求:以邓小平理论、“三个代表”重要思想、科学发展观为指导,以保障人民群众身体健康为出发点,大力推进生态文明建设,坚持政府调控与市场调节相结合、全面推进与重点突破相配合、区域协作与属地管理相协调、总量减排与质量改善相同步,形成政府统领、企业施治、市场驱动、公众参与的大气污染防治新机制,实施分区域、分阶段治理,推动产业结构优化、科技创新能力增强、经济增长质量提高,实现环境效益、经济效益与社会效益多赢,为建设美丽中国而奋斗。

奋斗目标：经过五年努力，全国空气质量总体改善，重污染天气较大幅度减少；京津冀、长三角、珠三角等区域空气质量明显好转。力争再用五年或更长时间，逐步消除重污染天气，全国空气质量明显改善。

具体指标：到2017年，全国地级及以上城市可吸入颗粒物浓度比2012年下降10%以上，优良天数逐年提高；京津冀、长三角、珠三角等区域细颗粒物浓度分别下降25%、20%、15%左右，其中北京市细颗粒物年均浓度控制在60微克/立方米左右。

**一、加大综合治理力度，减少多污染物排放**

（一）加强工业企业大气污染综合治理。全面整治燃煤小锅炉。加快推进集中供热、“煤改气”、“煤改电”工程建设，到2017年，除必要保留的以外，地级及以上城市建成区基本淘汰每小时10蒸吨及以下的燃煤锅炉，禁止新建每小时20蒸吨以下的燃煤锅炉；其他地区原则上不再新建每小时10蒸吨以下的燃煤锅炉。在供热供气管网不能覆盖的地区，改用电、新能源或洁净煤，推广应用高效节能环保型锅炉。在化工、造纸、印染、制革、制药等产业集聚区，通过集中建设热电联产机组逐步淘汰分散燃煤锅炉。

加快重点行业脱硫、脱硝、除尘改造工程建设。所有燃煤电厂、钢铁企业的烧结机和球团生产设备、石油炼制企业的催化裂化装置、有色金属冶炼企业都要安装脱硫设施，每小时20蒸吨及以上的燃煤锅炉要实施脱硫。除循环流化床锅炉以外的燃煤机组均应安装脱硝设施，新型干法水泥窑要实施低氮燃烧技术改造并安装脱硝设施。燃煤锅炉和工业窑炉现有除尘设施要实施升级改造。

推进挥发性有机物污染治理。在石化、有机化工、表面涂装、包装印刷等行业实施挥发性有机物综合整治，在石化行业开展“泄漏检测

与修复”技术改造。限时完成加油站、储油库、油罐车的油气回收治理，在原油成品油码头积极开展油气回收治理。完善涂料、胶粘剂等产品挥发性有机物限值标准，推广使用水性涂料，鼓励生产、销售和使用低毒、低挥发性有机溶剂。

京津冀、长三角、珠三角等区域要于2015年底前基本完成燃煤电厂、燃煤锅炉和工业窑炉的污染治理设施建设与改造，完成石化企业有机废气综合治理。

（二）深化面源污染治理。综合整治城市扬尘。加强施工扬尘监管，积极推进绿色施工，建设工程施工现场应全封闭设置围挡墙，严禁敞开式作业，施工现场道路应进行地面硬化。渣土运输车辆应采取密闭措施，并逐步安装卫星定位系统。推行道路机械化清扫等低尘作业方式。大型煤堆、料堆要实现封闭储存或建设防风抑尘设施。推进城市及周边绿化和防风防沙林建设，扩大城市建成区绿地规模。

开展餐饮油烟污染治理。城区餐饮服务经营场所应安装高效油烟净化设施，推广使用高效净化型家用吸油烟机。

（三）强化移动源污染防治。加强城市交通管理，优化城市功能和布局规划，推广智能交通管理，缓解城市交通拥堵。实施公交优先战略，提高公共交通出行比例，加强步行、自行车交通系统建设。根据城市发展规划，合理控制机动车保有量，北京、上海、广州等特大城市要严格限制机动车保有量。通过鼓励绿色出行、增加使用成本等措施，降低机动车使用强度。

提升燃油品质。加快石油炼制企业升级改造，力争在2013年底前，全国供应符合国家第四阶段标准的车用汽油，在2014年底前，全国供应符合国家第四阶段标准的车用柴油，在2015年底前，京津冀、长三角、珠三角等区域内重点城市全面供应符合国家第五阶段标准的车用汽、柴油，在2017年底前，全国供应符合国家第五阶段标准的车用汽、柴油。加强油品质量监督检查，严厉打击非法生产、销售不合格油品行为。

加快淘汰黄标车和老旧车辆。采取划定禁行区域、经济补偿等方式，逐步淘汰黄标车和老旧车辆。到2015年，淘汰2005年底前注册营运的黄标车，基本淘汰京津冀、长三角、珠三角等区域内的500万辆黄标车。到2017年，基本淘汰全国范围的黄标车。

加强机动车环保管理。环保、工业和信息化、质检、工商等部门联合加强新生产车辆环保监管，严厉打击生产、销售环保不达标车辆的违法行为；加强在用机动车年度检验，对不达标车辆不得发放环保合格标志，不得上路行驶。加快柴油车车用尿素供应体系建设。研究缩短公交车、出租车强制报废年限。鼓励出租车每年更换高效尾气净化装置。开展工程机械等非道路移动机械和船舶的污染控制。

加快推进低速汽车升级换代。不断提高低速汽车（三轮汽车、低速货车）节能环保要求，减少污染排放，促进相关产业和产品技术升级换代。自2017年起，新生产的低速货车执行与轻型载货车同等的节能与排放标准。

大力推广新能源汽车。公交、环卫等行业和政府机关要率先使用新能源汽车，采取直接上牌、财政补贴等措施鼓励个人购买。北京、上海、广州等城市每年新增或更新的公交车中新能源和清洁燃料车的比例达到60%以上。

**二、调整优化产业结构，推动产业转型升级**

（四）严控“两高”行业新增产能。修订高耗能、高污染和资源性行

业准入条件，明确资源能源节约和污染物排放等指标。有条件的地区要制定符合当地功能定位、严于国家要求的产业准入目录。严格控制“两高”行业新增产能，新、改、扩建项目要实行产能等量或减量置换。

（五）加快淘汰落后产能。结合产业发展实际和环境质量状况，进一步提高环保、能耗、安全、质量等标准，分区域明确落后产能淘汰任务，倒逼产业转型升级。

按照《部分工业行业淘汰落后生产工艺装备和产品指导目录（2010 年本）》、《产业结构调整指导目录（2011 年本）（修正）》的要求，采取经济、技术、法律和必要的行政手段，提前一年完成钢铁、水泥、电解铝、平板玻璃等 21 个重点行业的“十二五”落后产能淘汰任务。2015 年再淘汰炼铁 1 500 万吨、炼钢 1 500 万吨、水泥（熟料及粉磨能力）1 亿吨、平板玻璃 2 000 万重量箱。对未按期完成淘汰任务的地区，严格控制国家安排的投资项目，暂停对该地区重点行业建设项目办理审批、核准和备案手续。2016 年、2017 年，各地区要制定范围更宽、标准更高的落后产能淘汰政策，再淘汰一批落后产能。

对布局分散、装备水平低、环保设施差的小型工业企业进行全面排查，制定综合整改方案，实施分类治理。

（六）压缩过剩产能。加大环保、能耗、安全执法处罚力度，建立以节能环保标准促进“两高”行业过剩产能退出的机制。制定财政、土地、金融等扶持政策，支持产能过剩“两高”行业企业退出、转型发展。发挥优强企业对行业发展的主导作用，通过跨地区、跨所有制企业兼并重组，推动过剩产能压缩。严禁核准产能严重过剩行业新增产能项目。

（七）坚决停建产能严重过剩行业违规在建项目。认真清理产能严重过剩行业违规在建项目，对未批先建、边批边建、越权核准的违规项目，尚未开工建设的，不准开工；正在建设的，要停止建设。地方人民政府要加强组织领导和监督检查，坚决遏制产能严重过剩行业盲目扩张。

**三、加快企业技术改造，提高科技创新能力**

（八）强化科技研发和推广。加强灰霾、臭氧的形成机理、来源解析、迁移规律和监测预警等研究，为污染治理提供科学支撑。加强大气污染与人群健康关系的研究。支持企业技术中心、国家重点实验室、国家工程实验室建设，推进大型大气光化学模拟仓、大型气溶胶模拟仓等科技基础设施建设。

加强脱硫、脱硝、高效除尘、挥发性有机物控制、柴油机（车）排放净化、环境监测，以及新能源汽车、智能电网等方面的技术研发，推进技术成果转化应用。加强大气污染治理先进技术、管理经验等方面的国际交流与合作。

（九）全面推行清洁生产。对钢铁、水泥、化工、石化、有色金属冶炼等重点行业进行清洁生产审核，针对节能减排关键领域和薄弱环节，采用先进适用的技术、工艺和装备，实施清洁生产技术改造；到 2017 年，重点行业排污强度比 2012 年下降 30% 以上。推进非有机溶剂型涂料和农药等产品创新，减少生产和使用过程中挥发性有机物排放。积极开发缓释肥料新品种，减少化肥施用过程中氨的排放。

（十）大力发展循环经济。鼓励产业集聚发展，实施园区循环化改造，推进能源梯级利用、水资源循环利用、废物交换利用、土地节约集约利用，促进企业循环式生产、园区循环式发展、产业循环式组合，构建循环型工业体系。推动水泥、钢铁等工业窑炉、高炉实施废物协同处置。大力发展机电产品再制造，推进资源再生利用产业发展。到 2017 年，

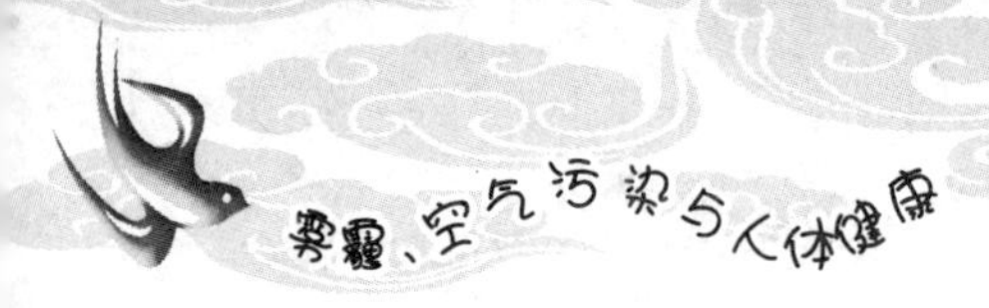


单位工业增加值能耗比 2012 年降低 20% 左右，在 50% 以上的各类国家级园区和 30% 以上的各类省级园区实施循环化改造，主要有色金属品种以及钢铁的循环再生比重达到 40% 左右。

（十一）大力培育节能环保产业。着力把大气污染治理的政策要求有效转化为节能环保产业发展的市场需求，促进重大环保技术装备、产品的创新开发与产业化应用。扩大国内消费市场，积极支持新业态、新模式，培育一批具有国际竞争力的大型节能环保企业，大幅增加大气污染治理装备、产品、服务产业产值，有效推动节能环保、新能源等战略性新兴产业发展。鼓励外商投资节能环保产业。

**四、加快调整能源结构，增加清洁能源供应**

（十二）控制煤炭消费总量。制定国家煤炭消费总量中长期控制目标，实行目标责任管理。到 2017 年，煤炭占能源消费总量比重降低到 65% 以下。京津冀、长三角、珠三角等区域力争实现煤炭消费总量负增长，通过逐步提高接受外输电比例、增加天然气供应、加大非化石能源利用强度等措施替代燃煤。

京津冀、长三角、珠三角等区域新建项目禁止配套建设自备燃煤电站。耗煤项目要实行煤炭减量替代。除热电联产外，禁止审批新建燃煤发电项目；现有多台燃煤机组装机容量合计达到 30 万千瓦以上的，可按照煤炭等量替代的原则建设为大容量燃煤机组。

（十三）加快清洁能源替代利用。加大天然气、煤制天然气、煤层气供应。到 2015 年，新增天然气干线管输能力 1 500 亿立方米以上，覆盖京津冀、长三角、珠三角等区域。优化天然气使用方式，新增天然气应优先保障居民生活或用于替代燃煤；鼓励发展天然气分布式能源等高效利用项目，限制发展天然汽化工项目；有序发展天然气调峰电

站,原则上不再新建天然气发电项目。

制定煤制天然气发展规划,在满足最严格的环保要求和保障水资源供应的前提下,加快煤制天然气产业化和规模化步伐。

积极有序发展水电,开发利用地热能、风能、太阳能、生物质能,安全高效发展核电。到 2017 年,运行核电机组装机容量达到 5 000 万千瓦,非化石能源消费比重提高到 13%。

京津冀区域城市建成区、长三角城市群、珠三角区域要加快现有工业企业燃煤设施天然气替代步伐;到 2017 年,基本完成燃煤锅炉、工业窑炉、自备燃煤电站的天然气替代改造任务。

(十四)推进煤炭清洁利用。提高煤炭洗选比例,新建煤矿应同步建设煤炭洗选设施,现有煤矿要加快建设与改造;到 2017 年,原煤入选率达到 70% 以上。禁止进口高灰分、高硫分的劣质煤炭,研究出台煤炭质量管理办法。限制高硫石油焦的进口。

扩大城市高污染燃料禁燃区范围,逐步由城市建成区扩展到近郊。结合城中村、城乡结合部、棚户区改造,通过政策补偿和实施峰谷电价、季节性电价、阶梯电价、调峰电价等措施,逐步推行以天然气或电替代煤炭。鼓励北方农村地区建设洁净煤配送中心,推广使用洁净煤和型煤。

(十五)提高能源使用效率。严格落实节能评估审查制度。新建高耗能项目单位产品(产值)能耗要达到国内先进水平,用能设备达到一级能效标准。京津冀、长三角、珠三角等区域,新建高耗能项目单位产品(产值)能耗要达到国际先进水平。

积极发展绿色建筑,政府投资的公共建筑、保障性住房等要率先执行绿色建筑标准。新建建筑要严格执行强制性节能标准,推广使用太

阳能热水系统、地源热泵、空气源热泵、光伏建筑一体化、“热—电—冷”三联供等技术和装备。

推进供热计量改革，加快北方采暖地区既有居住建筑供热计量和节能改造；新建建筑和完成供热计量改造的既有建筑逐步实行供热计量收费。加快热力管网建设与改造。

**五、严格节能环保准入，优化产业空间布局**

（十六）调整产业布局。按照主体功能区规划要求，合理确定重点产业发展布局、结构和规模，重大项目原则上布局在优化开发区和重点开发区。所有新、改、扩建项目，必须全部进行环境影响评价；未通过环境影响评价审批的，一律不准开工建设；违规建设的，要依法进行处罚。加强产业政策在产业转移过程中的引导与约束作用，严格限制在生态脆弱或环境敏感地区建设“两高”行业项目。加强对各类产业发展规划的环境影响评价。

在东部、中部和西部地区实施差别化的产业政策，对京津冀、长三角、珠三角等区域提出更高的节能环保要求。强化环境监管，严禁落后产能转移。

（十七）强化节能环保指标约束。提高节能环保准入门槛，健全重点行业准入条件，公布符合准入条件的企业名单并实施动态管理。严格实施污染物排放总量控制，将二氧化硫、氮氧化物、烟粉尘和挥发性有机物排放是否符合总量控制要求作为建设项目环境影响评价审批的前置条件。

京津冀、长三角、珠三角区域以及辽宁中部、山东、武汉及其周边、长株潭、成渝、海峡西岸、山西中北部、陕西关中、甘宁、乌鲁木齐城市群等“三区十群”中的47个城市，新建火电、钢铁、石化、水泥、有色、化工等企业以及燃煤锅炉项目要执行大气污染物特别排放限值。各地区可根据环境质量改善的需要，扩大特别排放限值实施的范围。

对未通过能评、环评审查的项目，有关部门不得审批、核准、备案，不得提供土地，不得批准开工建设，不得发放生产许可证、安全生产许可证、排污许可证，金融机构不得提供任何形式的新增授信支持，有关单位不得供电、供水。

（十八）优化空间格局。科学制定并严格实施城市规划，强化城市空间管制要求和绿地控制要求，规范各类产业园区和城市新城、新区设立和布局，禁止随意调整和修改城市规划，形成有利于大气污染物扩散的城市和区域空间格局。研究开展城市环境总体规划试点工作。

结合化解过剩产能、节能减排和企业兼并重组，有序推进位于城市主城区的钢铁、石化、化工、有色金属冶炼、水泥、平板玻璃等重污染企业环保搬迁、改造，到 2017 年基本完成。

**六、发挥市场机制作用，完善环境经济政策**

（十九）发挥市场机制调节作用。本着“谁污染、谁负责，多排放、多负担，节能减排得收益、获补偿”的原则，积极推行激励与约束并举的节能减排新机制。

分行业、分地区对水、电等资源类产品制定企业消耗定额。建立企业“领跑者”制度，对能效、排污强度达到更高标准的先进企业给予鼓励。

全面落实“合同能源管理”的财税优惠政策，完善促进环境服务业发展的扶持政策，推行污染治理设施投资、建设、运行一体化特许经营。完善绿色信贷和绿色证券政策，将企业环境信息纳入征信系统。严格限制环境违法企业贷款和上市融资。推进排污权有偿使用和交易

试点。

（二十）完善价格税收政策。根据脱硝成本，结合调整销售电价，完善脱硝电价政策。现有火电机组采用新技术进行除尘设施改造的，要给予价格政策支持。实行阶梯式电价。

推进天然气价格形成机制改革，理顺天然气与可替代能源的比价关系。

按照合理补偿成本、优质优价和污染者付费的原则合理确定成品油价格，完善对部分困难群体和公益性行业成品油价格改革补贴政策。

加大排污费征收力度，做到应收尽收。适时提高排污收费标准，将挥发性有机物纳入排污费征收范围。

研究将部分“两高”行业产品纳入消费税征收范围。完善“两高”行业产品出口退税政策和资源综合利用税收政策。积极推进煤炭等资源税从价计征改革。符合税收法律法规规定，使用专用设备或建设环境保护项目的企业以及高新技术企业，可以享受企业所得税优惠。

（二十一）拓宽投融资渠道。深化节能环保投融资体制改革，鼓励民间资本和社会资本进入大气污染防治领域。引导银行业金融机构加大对大气污染防治项目的信贷支持。探索排污权抵押融资模式，拓展节能环保设施融资、租赁业务。

地方人民政府要对涉及民生的“煤改气”项目、黄标车和老旧车辆淘汰、轻型载货车替代低速货车等加大政策支持力度，对重点行业清洁生产示范工程给予引导性资金支持。要将空气质量监测站点建设及其运行和监管经费纳入各级财政预算予以保障。

在环境执法到位、价格机制理顺的基础上，中央财政统筹整合主要污染物减排等专项，设立大气污染防治专项资金，对重点区域按治理成效实施“以奖代补”；中央基本建设投资也要加大对重点区域大气污染防治的支持力度。

**七、健全法律法规体系，严格依法监督管理**

（二十二）完善法律法规标准。加快大气污染防治法修订步伐，重点健全总量控制、排污许可、应急预警、法律责任等方面的制度，研究增加对恶意排污、造成重大污染危害的企业及其相关负责人追究刑事责任的内容，加大对违法行为的处罚力度。建立健全环境公益诉讼制度。研究起草环境税法草案，加快修改环境保护法，尽快出台机动车污染防治条例和排污许可证管理条例。各地区可结合实际，出台地方性大气污染防治法规、规章。

加快制（修）订重点行业排放标准以及汽车燃料消耗量标准、油品标准、供热计量标准等，完善行业污染防治技术政策和清洁生产评价指标体系。

（二十三）提高环境监管能力。完善国家监察、地方监管、单位负责的环境监管体制，加强对地方人民政府执行环境法律法规和政策的监督。加大环境监测、信息、应急、监察等能力建设力度，达到标准化建设要求。

建设城市站、背景站、区域站统一布局的国家空气质量监测网络，加强监测数据质量管理，客观反映空气质量状况。加强重点污染源在线监控体系建设，推进环境卫星应用。建设国家、省、市三级机动车排污监管平台。到 2015 年，地级及以上城市全部建成细颗粒物监测点和国家直管的监测点。

（二十四）加大环保执法力度。推进联合执法、区域执法、交叉执法等执法机制创新，明确重点，加大力度，严厉打击环境违法行为。对

偷排偷放、屡查屡犯的违法企业，要依法停产关闭。对涉嫌环境犯罪的，要依法追究刑事责任。落实执法责任，对监督缺位、执法不力、徇私枉法等行为，监察机关要依法追究有关部门和人员的责任。

（二十五）实行环境信息公开。国家每月公布空气质量最差的 10 个城市和最好的 10 个城市的名单。各省（区、市）要公布本行政区域内地级及以上城市空气质量排名。地级及以上城市要在当地主要媒体及时发布空气质量监测信息。

各级环保部门和企业要主动公开新建项目环境影响评价、企业污染物排放、治污设施运行情况等环境信息，接受社会监督。涉及群众利益的建设项目，应充分听取公众意见。建立重污染行业企业环境信息强制公开制度。

**八、建立区域协作机制，统筹区域环境治理**

（二十六）建立区域协作机制。建立京津冀、长三角区域大气污染防治协作机制，由区域内省级人民政府和国务院有关部门参加，协调解决区域突出环境问题，组织实施环评会商、联合执法、信息共享、预警应急等大气污染防治措施，通报区域大气污染防治工作进展，研究确定阶段性工作要求、工作重点和主要任务。

（二十七）分解目标任务。国务院与各省（区、市）人民政府签订大气污染防治目标责任书，将目标任务分解落实到地方人民政府和企业。将重点区域的细颗粒物指标、非重点地区的可吸入颗粒物指标作为经济社会发展的约束性指标，构建以环境质量改善为核心的目标责任考核体系。

国务院制定考核办法，每年初对各省（区、市）上年度治理任务完成情况进行考核；2015 年进行中期评估，并依据评估情况调整治理任务；2017年对行动计划实施情况进行终期考核。考核和评估结果经国务院同意后，向社会公布，并交由干部主管部门，按照《关于建立促进科学发展的党政领导班子和领导干部考核评价机制的意见》、《地方党政领导班子和领导干部综合考核评价办法（试行）》、《关于开展政府绩效管理试点工作的意见》等规定，作为对领导班子和领导干部综合考核评价的重要依据。

（二十八）实行严格责任追究。对未通过年度考核的，由环保部门会同组织部门、监察机关等部门约谈省级人民政府及其相关部门有关负责人，提出整改意见，予以督促。

对因工作不力、履职缺位等导致未能有效应对重污染天气的，以及干预、伪造监测数据和没有完成年度目标任务的，监察机关要依法依纪追究有关单位和人员的责任，环保部门要对有关地区和企业实施建设项目环评限批，取消国家授予的环境保护荣誉称号。

**九、建立监测预警应急体系，妥善应对重污染天气**

（二十九）建立监测预警体系。环保部门要加强与气象部门的合作，建立重污染天气监测预警体系。到2014年，京津冀、长三角、珠三角区域要完成区域、省、市级重污染天气监测预警系统建设；其他省（区、市）、副省级市、省会城市于2015年底前完成。要做好重污染天气过程的趋势分析，完善会商研判机制，提高监测预警的准确度，及时发布监测预警信息。

（三十）制定完善应急预案。空气质量未达到规定标准的城市应制定和完善重污染天气应急预案并向社会公布；要落实责任主体，明确应急组织机构及其职责、预警预报及响应程序、应急处置及保障措施等内容，按不同污染等级确定企业限产停产、机动车和扬尘管控、中小学

校停课以及可行的气象干预等应对措施。开展重污染天气应急演练。

京津冀、长三角、珠三角等区域要建立健全区域、省、市联动的重污染天气应急响应体系。区域内各省（区、市）的应急预案，应于 2013 年底前报环境保护部备案。

（三十一）及时采取应急措施。将重污染天气应急响应纳入地方人民政府突发事件应急管理体系，实行政府主要负责人负责制。要依据重污染天气的预警等级，迅速启动应急预案，引导公众做好卫生防护。

**十、明确政府企业和社会的责任，动员全民参与环境保护**

（三十二）明确地方政府统领责任。地方各级人民政府对本行政区域内的大气环境质量负总责，要根据国家的总体部署及控制目标，制定本地区的实施细则，确定工作重点任务和年度控制指标，完善政策措施，并向社会公开；要不断加大监管力度，确保任务明确、项目清晰、资金保障。

（三十三）加强部门协调联动。各有关部门要密切配合、协调力量、统一行动，形成大气污染防治的强大合力。环境保护部要加强指导、协调和监督，有关部门要制定有利于大气污染防治的投资、财政、税收、金融、价格、贸易、科技等政策，依法做好各自领域的相关工作。

（三十四）强化企业施治。企业是大气污染治理的责任主体，要按照环保规范要求，加强内部管理，增加资金投入，采用先进的生产工艺和治理技术，确保达标排放，甚至达到“零排放”；要自觉履行环境保护的社会责任，接受社会监督。

（三十五）广泛动员社会参与。环境治理，人人有责。要积极开展多种形式的宣传教育，普及大气污染防治的科学知识。加强大气环境

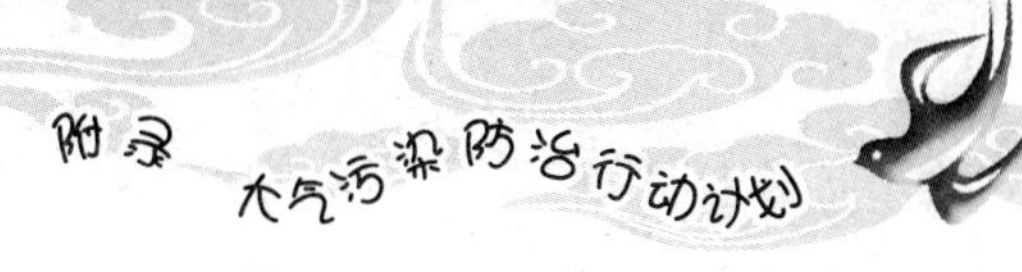


管理专业人才培养。倡导文明、节约、绿色的消费方式和生活习惯，引导公众从自身做起、从点滴做起、从身边的小事做起，在全社会树立起“同呼吸、共奋斗”的行为准则，共同改善空气质量。

我国仍然处于社会主义初级阶段，大气污染防治任务繁重艰巨，要坚定信心、综合治理，突出重点、逐步推进，重在落实、务求实效。各地区、各有关部门和企业要按照本行动计划的要求，紧密结合实际，狠抓贯彻落实，确保空气质量改善目标如期实现。

# 参考文献

[1] 郎铁柱．环境保护与可持续发展 [M]. 天津:天津大学出版社,2005.

[2] 郎铁柱．环境保护与可持续发展（电子版）[M]. 天津：天津大学电子出版社,2009.

[3] 钱易,唐孝炎．环境保护与可持续发展 [M]. 北京：高等教育出版社,2000.

[4] 蕾切尔·卡逊．寂静的春天 [M]. 吕瑞兰，李长生，译．长春:吉林人民出版社,1997.

[5] 联合国开发计划署,联合国环境规划署,世界银行,等．世界资源报告（1990—1991）[M]. 北京:中国环境科学出版社,1991.

[6] 联合国开发计划署,联合国环境规划署,世界银行,等．世界资源报告（2000—2001）[M]. 北京:中国环境科学出版社,2002.

[7] 唐奈勒·H. 梅多斯,丹尼斯·L. 梅多斯,约恩·兰德斯．超越极限 [M]. 赵旭,周欣华,张仁俐,译．上海:上海译文出版社,2001.

[8] 林肇信,刘天齐,刘逸农．环境保护概论 [M]. 修订版．北京：高等教育出版社,1999.

[9] 曲格平．环境保护知识读本 [M]. 北京:红旗出版社,1999.

[10] 曲格平,等．世界环境问题的发展 [M]. 北京：中国环境科学出版社,1988.

[11] 不破敬一郎．地球环境手册 [M]. 全浩,等,译．北京：中国环境科学出版社,1995.

[12] 米哈伊罗·米萨诺维克,爱德华·帕斯托尔．人类处在转折点 [M].

刘长毅,李永平,孙晓光,译.北京:中国和平出版社,1987.

[13] J.M. 莫兰, M.D. 摩根, J.H. 威斯麦.环境科学导论 [M]. 北京市环境保护局翻译组,译.北京:海洋出版社,1987.

[14] 世界资源研究所,国际环境与发展研究所.世界资源报告(1986)[M]. 北京:中国环境科学出版社,1988.

[15] 孙凯.生存的危机 [M]. 北京:红旗出版社,2002.

[16] 袁竹林,李伟力,魏星,等.声波对悬浮 PM2.5 作用的数值研究 [J]. 中国电机工程学报,2005,25(8):121-125.

[17] 刘泽常,王志强,李敏,等.大气可吸入颗粒物研究进展 [J]. 山东科技大学学报:自然科学版,2004,23(4):97-100.

[18] 凡凤仙,杨林军,袁竹林,等.水汽在燃煤 PM2.5 表面异质核化特性数值预测化 [J]. 化工学报,2007,58(10) :2561-2566.

[19] 罗莹华,梁凯,刘明,等.大气颗粒物重金属环境地球化学研究进展 [J]. 广东微量元素科学,2006,13(2):1-6.

[20] 冯茜丹,党志,黄伟林.广州市秋季 PM2.5 中重金属的污染水平与化学形态分析 [J]. 环境科学,2008,29(3):569-575.

[21] 刘章现,袁英贤,张江石,等.平顶山市大气 PM10、PM2.5 污染调查 [J]. 环境监测管理与技术,2007,19(2) :26-29.

[22] 童永彭,张桂林,叶舜华.大气颗粒物致毒效应的研究进展 [J]. 环境与职业医学,2003,20(3):246-248.

[23] 杭世平.空气有害物质的测定方法 [M].6 版.北京:人民卫生出版社,1986.

[24] 吴兑.霾与雾的区别和灰霾天气预警建议 [J]. 广东气象,2004(4):1-4.

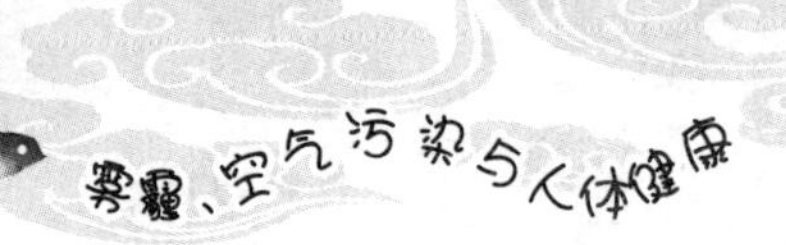


[25] 姬亚芹,朱坦,冯银厂,等．天津市 PM10 中元素的浓度特征和富集特征研究 [J]. 环境科学与技术,2006,29(7):49-51.

[26] 耿精忠．环境与健康回顾与展望 [M]. 北京：华夏出版社,1993.

[27] 童尧青,银燕,钱凌,等．南京地区霾天气特征分析 [J]. 中国环境科学,2007,27(5):584-588.

[28] 周亚军,刘燕．广州市雾与霾的天气和气候特征 [J]. 广东气象,2008,30(2):16-18.

[29] 王庚辰,谢骅,万小伟,等．北京地区空气中 PM10 的元素组分及其变化 [J]. 环境科学研究,2004,17(1):42-44.

[30] 王京丽,谢庄,张远航,等．北京市大气细粒子的质量浓度特征研究 [J]. 气象学报,2004,62(1):104-111.

[31] 袁杨森,刘大锰,车瑞俊,等．北京市秋季大气颗粒物的污染特征研究 [J]. 生态环境 ,2007,16(1):18-25.

[32] 刘大锰,黄杰,高少鹏,等．北京市区春季交通源大气颗粒物污染水平及其影响因素 [J]. 地学前缘,2006,13(2):228-233.

[33] 魏复盛,腾恩江,吴国平,等．我国 4 个大城市空气 PM2.5、可吸入颗物污染及基化学组成 [J]. 中国环境监测,2001,17( 特刊 ):1-6.

[34] Robertson J. Indoor air quality and sick building[J]. Med J Aust, 1993,158(5):358 - 359.